모든 계절의 물리학

모든 계절의 물리학

보이지 않는 세상을 보는 유쾌한 과학의 세계

김기덕 지음

다산
북스

안녕하세요, '물리 중독자'입니다

'활자 중독'이라는 말이 있다고 한다. 실제 병명은 아니고, 주변에 글이 보이면 도저히 읽지 않고서는 못 배기는 성향을 유쾌하게 이르는 듯하다. '중독'이라는 말은 보통 부정적으로 쓰이지만, 활자 중독만큼은 책이나 신문을 많이 읽는 사람들이 자기 자신을 긍정적인 의미로 이렇게 지칭하고는 한다.

나는 그 사람들만큼 활자 중독자는 아니지만 그들이 문자를 볼 때 느끼는 편안함이 무엇인지는 어느 정도 이해할 수 있을 것 같다. 문자는 하나의 규칙이다. 무질서하게 보이는 세상에서 내가 이해할 수 있는 법칙으로 짜인 존재가 있다면 자연스럽게 그것에 눈이 가지 않겠는가.

이런 의미에서 물리학자의 눈에 보이는 세상은 모두 '글'이다. 물리학이라는 문법을 따르는 물질이라는 활자로 정밀하게 직조되었다. 물질의 색과 질감에는 저마다 이유가 있고, 하늘에서 내리쬐는 햇빛이나 별빛에도 모두 사연이 있다. 인간도 그 자연의 일부다. 그러니 물리학을 사랑하는 사람에게 자연은 아름다운 글귀로 가득한 시집이다.

이 책은 '물리 중독'에 걸린 물리학자의 눈으로 본 세상을 그렸다. 누군가에게는 너무나도 당연하기만 한 일상 혹은 계절에 따라 바뀌는 풍경조차 물리 중독인 내게는 고전역학부터 양자역학까지 자연법칙이 빼곡하게 적힌 책과 같았다.

예를 들자면 특히 원자들이 모여 형성된 물질들을 이야기할 때 양자역학을 빼놓을 수 없을 정도다. 보통 일반인을 대상으로 과학을 설명할 때는 양자역학을 일상과 전혀 관련 없는, 우리가 절대 이해할 수 없는 학문처럼 소개하지만 실제로는 전혀 그렇지 않다. 물론 이해하기 어려운 지점도 있다. 그렇지만 지금 우리 눈에 보이는 아주 평범한 일상도 자세히 보면 양자역학이 만들어낸 것이다.

물리학을 전공하지 않은 사람들이 읽어도 이해할 수 있을 정도로 쉽게 글을 쓰기 위해 국문학을 전공한 아내의 도움을 많이 받았다. 이 책으로 물리학을 인생에서 처음 접하게 된 사람일지라도 천천히 읽다 보면 '물리 중독'에 걸릴 것이다. 창문을 통과하는 햇빛을 한참 바라보다 어느새 그 안에 숨은 물리학을 궁금해하는 나를 발견하고 놀랄지도 모른다. 모두 이 책을 다 읽고 난 뒤에 "안녕하세요, 물리 중독자입니다"라고 자신을 소개할 수 있게 되기를 조금 기대해 본다.

차 례

1

봄

Spring

○

내게 봄은 연구소 구내식당의 베를리너 판쿠헨과 함께 시작된다.
보통 베를리너라고 부르는 이 디저트는 설탕이 잔뜩 뿌려진
둥글넓적한 모양의 도넛이다. 한입 크게 베어 물면 안에서
빨간 딸기잼이 흘러나온다. 독일에서는 추위를 몰아내기 위해
도깨비 탈을 쓰고 행진하는 '파싱Fasching'이라는 축제에서
이 도넛을 먹는다. 베를리너가 구내식당에 등장하면
나뿐만 아니라 연구소 사람들 모두 봄이 왔음을 깨닫는다.
연구소의 봄에는 특유의 분주함이 있다. 긴 연말 휴가에서
에너지를 충전하고 돌아온 사람들은 여러 실험실을 넘나들며
다양한 가설을 실험한다. 물리학자에게는 더욱 특별한 계절인데,
3월이면 각종 춘계 학회가 열리기 때문이다.
때때로 그곳에서는 세계를 깜짝 놀라게 할 엄청난 연구들이
발표되기도 한다.

한 걸음의
뜀박질일지라도

_충격량, 마찰, GPS

주말 아침, 눈을 뜨자마자 창문을 열어 날씨를 확인했다. 기다리던 해가 떴다. 어제는 종일 비가 조금씩 내리더니 오늘 드디어 비가 그치고 아침 해가 모습을 드러낸 것이다. 봄이 되고 겨우내 쌓여 있던 눈이 녹으면서 이제 달리기를 할 수 있게 되었다. 지금 내가 사는 독일의 봄은 매우 변덕스럽다. 오죽하면 "4월은 그가 하고 싶은 대로 한다April macht was er will"라는 독일 속담이 있을 정도다. 겨울이 지나면 해도 자주 뜰 것 같았는데, 우중충하고 축축한 분위기가 여전하다.

어찌 되었든 오늘은 해가 떴으니, 아침에 달리러 나가도 되겠다. 올해 목표는 적어도 일주일에 두 번은 달리는 것으로 정했다. 평일에는 시간을 내기 어려워서 보통 주말 아침에 달리는데, 봄이어도 날씨가 워낙 궂다 보니 목표를 달성하기가 쉽지 않다. 숫자를 지키지 못하면 어떤가. 포기하지 않는 것이 중요하지.

0.1초를 늘리면 충격은 10분의 1이 된다

달리기는 별다른 준비물이 필요하지 않아서 좋다. 운동복으로 갈아입고 현관에서 운동화를 신으면 벌써 준비 완료다. 아침부터 해가 화창하게 떠서 그런지 땅이 완전히 말랐다. 달리기 좋은 날이다.

내가 본격적으로 달리기 시작한 지는 채 1년이 되지 않았다. 달리기를 시작한 이유는 두 가지다. 첫 번째 이유는 윗집에 사는 물리학자 선배가 추천해 주었기 때문이다. 이 선배는 러시아 출신의 L 박사다. 정년퇴직할 나이가 되었는데도 여전히 활발하게 연구를 진행하고 있다. 신체적·정신적으로 모두 건강한 그는 어렸을 때부터 했던 달리기가 그 비결이라고 말했다. 지금도 오늘처럼 날씨가 좋은 날이면 운동복을 곧장 챙겨 입고 백발의 곱슬머리를 휘날리며 달린다. 어떨 때는 서른 살 어린 나보다도 더 건강해 보인다.

두 번째 이유는 지금 사는 동네가 숲속에 있기 때문이다.

독일의 숲은 달리는 데 최적의 장소다. 길이 잘 나 있고, 양쪽으로 키 큰 나무들도 있어 따가운 햇살을 가려준다. 숲길의 바닥이 푹신한 덕분에 비싼 운동화를 따로 사 신지 않아도 무릎에 큰 무리 없이 달릴 수 있다. 자랑할 만한 이야기는 아니지만, 나는 몸무게가 100킬로그램 가까이 된다. 그래서 달려야 하는 운동은 시작이 항상 망설여질 수밖에 없었다. 달리기가 좋다는 사실을 알고 있었음에도 그동안 몸무게를 핑계로 계속 미루어왔다. 하지만 언제든지 바닥이 푹신한 숲이 있으니 더 이상 미룰 수는 없게 되었다.

사실 어떤 운동도 관절이나 근육에 아예 충격을 주지 않을 수는 없다. 특히 달리기는 직접 달려보면 무릎과 발목이 큰 충격을 받는다는 것을 느낄 수 있다. 사람이 달리는 과정을 자세히 살펴보면 '하강-착지-도약'의 3단계로 나누어진다. 하강 단계에서는 직전에 떠올랐던 발이 바닥으로 떨어진다. 착지 단계에서 몸은 아주 짧은 시간 동안 정지하고, 도약 단계에서 다시 일정 속도를 가지고 위로 떠오른다.

아래로 떨어지던 몸을 정지시킨 뒤 다시 위로 떠오르는 일이 가능한 이유는 땅이 나를 위로 밀어 올리는 힘 때문이다. 이때 발생한 힘은 내가 발로 땅을 차는 힘에 대한 반작용이다. '작용-반작용의 법칙'은 공평하다. 내가 땅에 충격을 주는 만큼 나도 충격을 받는다. 이렇게 땅과 서로 주고받는 충격은 다리의 관절과 근육이 고스란히 감당한다. 이것을 물리학에서는 '운동량의 변화와 그에 따른 충격량'이라고 한다.

하지만 지금 중요한 것은 운동량과 충격량의 계산이 아니다. 어떻게 해야 내 무릎이 받는 충격을 줄일 수 있는지를 알아야 한다. 하강 단계에서 우리 몸이 받는 총충격량은 몸이 얼마나 무거운지, 땅에 떨어지는 순간의 속도가 얼마나 빠른지에 따라 달라진다. 나같이 몸이 무거운 편이라면 더 큰 충격을 받을 것이고, 도약 단계에서 높이 뛴다면 땅에 떨어질 때의 속도 또한 빨라져서 속력이 커지며 더 큰 충격을 받게 될 것이다. 그러니 무릎이 받는 충격을 줄이려면 몸무게를 줄이거나 너무 높이 뛰지 않기 위해 애써야 한다. 그렇다면 무게를 줄여주지도, 속도를 늦추어 주지도 못하는 바닥이 푹신해야 하는 이유는 대체 무엇일까? 오히려 무게를 줄이려면 얇고 가벼운 신발을 신으면 되지 않을까?

푹신한 바닥은 아래로 떨어지는 몸이 완전히 정지하는 데 걸리는 시간을 늘려준다. [그림 1]을 보자. 신발의 밑창이 땅에 처음 닿은 순간부터 밑창에 깔려 있던 쿠션이 눌리기 시작한다. 쿠션이 모두 눌리면 발은 잠깐 땅에서 떨어지는 일을 멈춘다. 아주 짧은 순간이라 눈으로 확인하기는 어렵다.

하강   착지   도약

| 그림 1 |

이렇게 신발 속 쿠션이 충격을 받아내며 발이 땅에 최초로 접촉하는 순간부터 완전히 정지할 때까지 걸리는 시간을 늘려주면 충격은 늘어난 시간만큼 분산된다. 즉 분산된 시간만큼 힘을 쪼개서 받는 것이다.

이 같은 원리는 흔히 충돌로 인한 힘을 줄이는 데 사용된다. 교통사고가 났을 때 터지는 자동차의 에어백과 추락하는 사람을 받아주는 거대한 에어 매트가 그 예다. 충돌의 순간이 찰나여도 이 순간을 조금만 길게 늘리면 한 생명을 살릴 수 있다. 0.01초를 0.1초로만 늘려도 충격량은 10분의 1로 줄어들고, 1초로 늘리면 100분의 1로 줄어든다.

운동화 속 쿠션의 재료나 두께, 모양은 충격을 받아내는 시간을 늘리기 위해 세심하게 설계되었다. 쿠션이 비대해 보일 정도로 큰 운동화, 에어 포켓이 있는 운동화, 스프링을 넣은 운동화 등 여러 운동화 브랜드가 신발 속 쿠션의 성능이 얼마나 좋은지 홍보하는 이유가 바로 이 때문이다. 비록 신소재를 사용했다거나 에어 포켓이 있다거나 하는 그런 운동화는 아니지만, 그래도 나는 신발장에 놓여 있던 튼튼한 운동화를 신고 달린다. 어차피 숲의 땅바닥은 푹신하니까.

마찰은 사이가 좋다는 증거

운동화를 신고 문을 나서며 허리를 숙여 종아리와 허벅지 뒤쪽의 근육을 풀어주고 난 뒤 숲을 향해 가볍게 달리기 시작한다. 아직 몸이 덜 풀려서 다리가 무겁다. 그래도 달리다 보면 자연스럽게 긴장이 풀리면서 마치 몸에 질량이 존재하지 않고 자동으로 달리는 듯한 기분이 드는 순간이 올 것이다. 그렇게 골목길을 따라 5분 남짓 달리다 보니 숲의 입구가 나왔다. 숲으로 들어갈 생각에 신이 나기도 하지만, 이럴 때일수록 조심해야 한다. 신난다고 시작부터 빠르게 달리면 '오버 페이스'가 되고, 그러면 다리에 무리가 오거나 숨이 차서 제대로 달릴 수 없게 된다.

숲의 초입은 자갈길이다. 처음부터 숲에 자갈이 이렇게 정갈하게 놓여 있었을 리는 없고, 사람들의 출입이 잦으니 아마도 지자체에서 흙이 유실되는 것을 막기 위해 깔아놓았을 것이다. 그런데 막상 자갈길에 진입하니 문제가 생겼다. 지금까지 땅이 완전히 말라서 괜찮은 줄 알았는데, 그늘진 숲길은 아직 젖어 있는 것이 아닌가. 그래도 이 정도 젖었다고 달리기를 그만둔다면 앞으로 독일에서 달리기는 불가능할 것이다. 그러니 일단 내 운동화를 믿고 뛴다.

흙길은 조금 젖어도 상관없지만, 자갈길은 조금이라도 젖으면 위험하다. 돌의 표면이 물로 코팅되면서 마찰력이 크게 줄어들기 때문이다. '마찰'은 한 물체의 표면에 있는 분자들이 다른 물체의 표면에 있는 분자들과 약하게 결합하며 생기는 현상이다. 내가 운동화를 신고 달리면, 운동화 밑창을 이루는 분자들은 땅에 닿을 때 손을 뻗어 땅바닥의 분자들과 아주 가볍게 손을 잡는다. 그리고 잡은 손을 놓지 않고 내가 땅을 찰 때 미는 힘을 함께 받아낸 뒤, 공중으로 몸이 뜨는 순간에 잠깐 다시 손을 놓을 것이다. 그러니 두 물체 사이에 마찰이 있다고 해서 그들의 사이가 나쁘다고 볼 수는 없다. 오히려 두 물체의 표면에 있는 분자들의 사이가 좋아서 마찰이 생긴다고 보아야 한다.

물에 젖은 길이 더 미끄러운 이유는 신발 밑창과 땅바닥 사이에 물 분자가 끼어들기 때문이다. 밑창을 이루는 분자가 물 분자와 손을 잡는 바람에 땅바닥의 분자와는 손을 잡을 수 없어 마찰의 세기가 줄어든다. 밑창과 땅바닥의 사이가 좋지 않으니 젖은 길 위에서 발을 구르면 미끄러질 수밖에 없게 된다. 신발 밑창이나 타이어가 매끈하지 않고 홈이 파여 있는 이유는 이런 문제를 해결하기 위해서다. 홈이 파여 있으면 땅에 닿을 때 물이 홈 안으로 밀려들어 가고, 튀어나온 부분들은 땅과 직접 닿게 되어 마찰력을 어느 정도 유지할 수 있다. 만약 마찰이 없다면 평평하고 매끈한 땅 위에서 앞으로 나아가지 못할 것이다.

손뼉도 마주쳐야 소리가 나는 것처럼 내가 만든 힘을 받아주는 곳이 있어야 그 반작용으로 나도 몸을 움직일 수 있다. 평평하고 매끈한 땅에서 아무리 힘을 주어 발을 굴려보았자 앞으로 나아가기 위한 힘을 받기란 불가능하다. 마찰이 없을 때 내가 받는 힘이라고는 땅이 나를 수직으로 밀어내는 힘뿐이다. 그러니 이런 땅에 두 사람을 세워놓는다면 영영 서로에게 다가갈 수 없을 것이다. 기껏해야 제자리에서 발을 동동 구르다가 넘어질밖에.

내 운동화가 어떤 운동에 최적화된 신발인지는 알 수 없지만, 그래도 다행히 등산화 브랜드에서 만든 것이라 그런지 젖은 자갈길 위에서도 꽤 잘 달릴 수 있었다. 이 녀석도 밑창의 소재와 디자인에 그 비밀이 있지 않을까? 무엇이 되었든 길이 미끄러우니 힘을 적게 주며 달려야겠다. 마찰력에는 한계가 있다. 미끄러울수록 이 마찰력의 한계가 아주 낮아진다. 그러니 발을 너무 세게 구르면 미끄러질 수 있다(만약 발힘이 아주 세다면 비가 오지 않은 길에서도 미끄러진다).

어릴 적 하던 게임에는 음속으로 달리는 '소닉'이라는 캐릭터가 나왔다. 소닉은 발을 너무 힘차게 구르는 바람에 계속 미끄러지다 결국 발이 빙글빙글 돌 정도로 제자리 뜀을 오래 한 뒤에 출발했다. 혹시 소닉이 비싼 운동화를 신었다면 제자리에서 뛰지 않고도 바로 튀어 나갈 수 있었을까?

머리 위에 네 대의
인공위성을 이고서

젖은 자갈길이 깔린 숲의 초입을 조심스럽게 지나 작은 개울을 건너면 본격적인 나만의 달리기 코스가 나온다. 호수 옆에 자리 잡은 이 오솔길은 길이 곧아서 달리기 좋다. 나는 머리를 비운 채 오로지 앞으로 나아갈 생각만 하며 곧게 난 길을 따라 달린다. 그러다 길이 끝나면 달려온 길을 되돌아 달린다. 나는 목표 거리보다는 목표 시간을 정해놓고 달리는 편인데, 한 시간짜리 타이머를 맞추어놓은 스마트폰을 손에 쥐고 알람이 울릴 때까지 달리고 걷기를 반복한다.

달린 거리를 재보려는 생각을 하지 않았던 것은 아니다. 요즘은 모든 스마트폰에 GPS 기능이 있으니 내가 지구 위에 존재하는 한 내 위치를 알아내기도 쉬울 것이다. 혹시 무거운 스마트폰을 손에 들고 다니는 것이 불편하다면 스마트워치를 차고 다닐 수도 있다.

달릴 때 거리와 속도를 모두 기록하며 달렸던 L 박사는 나에게도 스마트워치를 강력하게 추천했다. 하지만 나는 지구주위를 도는 인공위성이 내 운동 패턴을 추적해 기록한다는 것이 이상했다. 게다가 나는 안 그래도 이미 각종 성과 등 일상에서 충분히 숫자에 집착하고 있었기 때문에 스마트워치는 차지 않기로 했다.

GPS는 내 위치를 찾기 위해 인공위성을 무려 네 대나 사용한다. 내가 1차원 세상에 살고 있었다면 인공위성이 두 대만 있어도 충분했을 텐데, 어쩌다 보니 3차원 세상에 사는 바람에 네 대나 되는 인공위성들이 내 위치를 찾으려고 고생한다. 차원이 낮을수록 필요한 인공위성의 수가 왜 더 적은지 묻는다면 위치를 알아내는 데 필요한 정보의 수가 적기 때문이라고 할 수 있겠다.

1차원 세상에 산다는 것은 세상의 모든 존재가 하나의 선 위에 놓여 있다는 의미다. 즉 모든 존재가 한 줄에 세워져 있고, 내 위치도 그 줄 위의 좌표로 표시된다. 그러니 내 위치를 표시하는 데는 좌표 한 개면 충분하다. 누군가가 우리 집 주소가 어떻게 되는지 물으면 그냥 숫자 하나만 툭 말해주면 된다. 하지만 우리는 3차원 세상에 산다. 가로, 세로, 높이에 해당하는 좌표가 모두 있어야 우리의 위치를 정확히 표시할 수 있다. 예를 들어 '세종대왕로 3길' '4' '5층'처럼 적어도 세 개의 좌표가 필요하다.

그러면 3차원 세상에서 인공위성은 어떻게 내 좌표를 알아내는 것일까? 인공위성이 보내는 신호로 우리가 얻을 수 있는 정보는 두 가지다. 하나는 인공위성의 위치고, 다른 하나는 나와 인공위성까지의 거리다. 인공위성이 한 대밖에 없다면 이 정보들만으로는 내 좌표를 정확히 알아내는 일이 불가능하다. 일단 가장 간단한, 선 상태인 1차원 우주에서의 상황을 보자.

[그림 2]에서 1차원 우주를 살펴보면 인공위성 ①이 주는 정보로는 후보 A와 후보 B, 두 곳의 위치 정보만 예측할 수 있다. 이 위치들을 한 곳으로 좁혀나가려면 위성을 한 대 더 추가해야 한다. 인공위성 ②도 똑같이 후보 B와 후보 C, 두

1차원 우주

후보 A — 20000km — 인공위성 ① — 20000km — 후보 B — 10000km — 인공위성 ② — 10000km — 후보 C

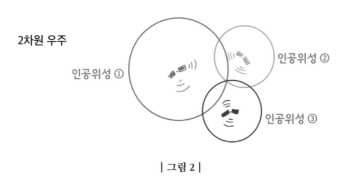

2차원 우주

인공위성 ①

인공위성 ②

인공위성 ③

| 그림 2 |

곳의 위치 정보를 예측한다. 이 두 위성이 가리키는 위치 중 공통된 하나의 위치를 찾으면 정확한 내 위치를 알 수 있다.

한 차원 높여 2차원 우주를 보자. 평면 상태인 이때는 세 대의 인공위성이 있어야 내 위치를 하나로 좁힐 수 있다. 1차원 우주에서는 인공위성 ①이 두 곳의 후보 지점을 찾았다면 2차원 우주에서는 인공위성 ①에서 일정 거리를 갖는 원 위의 모든 점이 후보 지점이 된다. 인공위성 ②를 추가하면 각 인공위성의 원이 교차하며 위치가 좁혀지고, 여기서 다시 한 곳으로 후보 지점을 좁히려면 인공위성 ③이 필요하다.

이렇게 1차원 세상에서는 두 대의 인공위성이, 2차원 세상에서는 세 대의 인공위성이 필요하다. 이런 원리로 차원을 하나 더 높여 3차원 우주에 도달하면 인공위성은 한 대 더 추가되어 총 네 대가 필요해진다. 지금 우주에 있는 여러 인공위성의 궤도가 잘 설계된 덕분에 우리 머리 위에는 항상 네 대 이상의 인공위성이 있다고 보면 된다. 그리고 이것들이 보내는 정보로 실시간 내 위치를 정확히 알 수 있는 것이다.

이론적으로 설명하니 쉽게 들리는 것 같지만, 실제로 이를 구현하기 위해서는 온갖 복잡한 기술들이 필요하다. 빠르게 날아다니는 인공위성의 속도에 지구의 중력으로 발생하는 시간 왜곡, 이를 보정하기 위한 상대성이론……. 하물며 인공위성이 우리에게 신호를 보내게 만드는 것도 쉬운 일은 아니다. 아무튼 나는 달릴 때마저도 이런 복잡한 생각에 빠지는데, 한번 빠지면 물리학자로서 쉽게 떨쳐낼 수가 없다. 그러니 간단한 타이머가 최고다. 마침 타이머 알람이 울린다. 이제 집으로 돌아갈 시간이다.

우리의
작은
버킷 리스트

_자기적 성질, 전기모터, 오로라

　서울의 땅은 사람과 건물로 가득하고, 하늘은 먼지와 전깃불로 가득해서 달이나 아주 밝은 몇 개의 별을 제외하고는 별을 보거나 별이 보이는 자리가 없다. 서울 사람인 아내는 처음 독일에 왔을 때 한밤중 카메라와 삼각대를 들고 나가 하늘 가득한 별들을 사진으로 담았다. 지금도 날씨가 좋아서 별이 많이 보이는 날이면 알고 있는 모든 별자리를 손으로 가리키고는 한다. 물리천문학부 출신인 나도 별에는 도통 관심을 두지 않는데, 국문학도인 아내가 이렇게 별에 관심이 많은 이유가 무엇인지 도무지 알 수가 없다. 하지만 국적을 불문하고 많은 문인이 별에 빠져들었던 것을 보면 오랜 시간 어둠 속에서 하늘을 바라보며 길을 찾던 인간의 본능과도 관련 있지 않을까 싶다.

어떤 자석들의
대단한 단합력

　밤하늘을 좋아하는 아내의 버킷 리스트 중 하나는 핀란드에 가서 오로라를 보는 것이다. 우리 집 게시판 역할을 하는 냉장고 문에는 올해의 목표를 적은 종이, 기념할 일이 있을 때마다 찍었던 네 컷짜리 사진 그리고 아내의 버킷 리스트가 빼곡하게 붙어 있다. 아직 몇 줄 되지는 않지만, 버킷 리스트 한가운데에는 '오로라 보기'가 당당하게 적혀 있다.

　그것들을 냉장고 문에 붙들어 두고 있는 것은 여행하며 하나둘 모았던 자석들이다. 냉장고에 가벼운 물체들을 붙이기에는 자석이 참 유용하다. 모든 곳에 다 붙으면 좋으련만, 막상 자석을 들고 집 안을 돌아다녀 보면 생각보다 자석이 달라붙는 데가 많지 않다. 나무나 플라스틱에는 당연히 붙지 않는다. 이럴 때 집에서 자석을 시험해 보기 가장 좋은 장소는 금속이 가장 많이 있는 주방이다. 그러나 금속이면 모두 달라붙을 것 같지만 꼭 그렇지만도 않다. 도대체 기준이 무엇일지 궁금할 텐데, 생각보다 기준은 간단하다.

　우선 자석을 조금만 갖고 놀아보면 자석의 기본 성질을 금방 알 수 있다. 자석과 자석은 서로 달라붙거나 밀어낸다. N극을 빨간색으로, S극을 파란색으로 칠한 자석들을 이리저리 가까이 대보면 서로 다른 극은 끌어당기고 같은 극은 밀어낸다. 이 사실을 알고 있다면 자석에 붙는 물질을 찾는 기준도 간단해진다.

자석에 붙는 물질은 '자석이 될 수 있는' 물질이다. 무슨 뚱딴지같은 말이냐고 생각할 수도 있겠지만, 말 그대로다. 일상에서 자석에 붙는 물질들은 모두 자석이 될 수 있는, 즉 자석과 같은 성질을 띠는 물질들뿐이다. '어떤 물질이 자석에 잘 붙는가'라는 질문의 답은 '어떤 물질이 자석이 될 수 있는가'라는 질문의 답과 같다.

그렇다면 어떤 물질이 자석이 될 수 있는지 알기 위해서는 물질을 확대해 이를 구성하는 원자가 어떤지 살펴보아야 한다. 모든 물질은 원자로 이루어져 있다. 그중 어떤 원자는 물질 안에서 마치 아주 작은 자석처럼 행동한다. 물질이 자석이 될 수 있는지 여부는 이 작은 '원자 자석'들이 얼마나 잘 단합하는지에 달려 있다.

[그림 3]은 자석이 될 수 있는 물질과 그렇지 못한 물질의 차이를 보여준다. 왼쪽 그림처럼 물질 속 원자 자석들이 손에 손을 잡고 다 함께 움직이면 각 원자의 자력이 합쳐져 그 물질은 자석이 된다. 반면 오른쪽 그림처럼 물질 속 원자 자

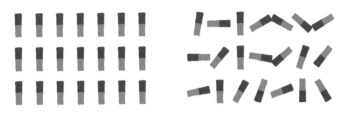

강자성체   상자성체

| 그림 3 |

석들이 서로를 전혀 신경 쓰지 않고 제멋대로 행동하면 각 원자의 자력이 합쳐지지 않아 그 물질은 자석이 되지 못한다. 이런 물질들의 이름이 엄청 중요하지는 않지만, 왼쪽 그림과 같은 물질을 '강자성체'라고 하고, 오른쪽 그림과 같은 물질을 '상자성체'라고 부른다.

그렇다면 자석에 달라붙을 때 어떤 일이 벌어지는 것일까? 강력한 자석을 강자성체에 대보자. 자석의 N극을 갖다 대면 강자성체 물질 안의 원자 자석들은 마치 월드컵의 응원단처럼 일사불란하게 획 돌아서 N극으로 S극이 향하게 만든다. 그래서 강자성체가 자석에 달라붙을 수 있게 되는 것이다. 하지만 상자성체는 자석을 가까이 두어도 강자성체에 비해 훨씬 반응이 작다. 그렇기에 상자성체는 자석에 달라붙기가 어렵다.

주방에서 많이 사용되는 금속 원소 중 철Fe은 [그림 3]의 왼쪽 그림과 같고, 알루미늄Al은 오른쪽 그림과 같다. 주방에 있는 금속들이 모두 비슷해 보여도 철이 많이 함유된 것일수록 자석에 더 잘 붙고, 알루미늄이 많이 함유된 것일수록 자석에 잘 붙지 않는다는 차이가 있다. 눈으로는 단번에 구분하기 어려운 이 두 물질을 간편하게 감별하는 방법이 있다. 직접 들어보는 것이다. 철 원자는 알루미늄 원자보다 약 두 배 더 무겁다. 그러니 들어보았을 때 묵직하면 자석에 더 잘 붙는 물체일 가능성이 크다.

여기까지 왔다면 왜 어떤 원자 자석들이 더 단합을 잘하는지 궁금할 수도 있다. 사실 이 문제는 아직도 완벽하게 풀지 못한 물리학 난제 중 하나다. 아주 간단한 구성을 가진 물질이나 오랫동안 연구된 물질이라면 그 이유를 설명할 수 있지만, 새롭게 발견된 물질들의 자기적 성질을 예측하고 설명하는 것은 물질을 연구하는 물리학자들 사이에서도 가장 어려운 일이다. 원자 자석들의 단체 활동을 정확하게 설명하려면 원자 자석에 있는 전자들 사이의 여러 상호작용을 고려해야 하는데, 그것이 그렇게 녹록지만은 않기 때문이다.

그래도 나를 포함해 물질의 성질을 연구하는 물리학자들이 모두 '열일'하고 있으니, 가까운 미래에는 물질의 구성 성분만 넣으면 어떤 자기적 성질을 띠고 있는지 바로 알아낼 수 있는 공식도 나오지 않을까?

전기차? 전자기차?

그렇게 냉장고 자석을 한참 들여다보다 아침 뉴스를 보니 아내가 좋아할 만한 소식이 있었다. 어제 슈투트가르트에서 오로라가 관측되었고, 오늘 밤에도 오로라가 보일 가능성이 있다는 것이었다. 오로라는 보통 북극과 가까운 핀란드, 노르웨이, 캐나다 같은 국가들에서 관측되기 때문에 '북극광'이라고 부르기도 한다. 물론 남극에서도 볼 수는 있지만, 남극으로 여행하는 것이 어렵기 때문에 흔히 북극광이라고 많이 알려져 있다. 하지만 독일은 극지방들과는 거리가 한참 멀다. 그런 독일에서 오로라라니, 어떻게 된 일일까?

뉴스에서는 오늘 태양의 활동이 활발해져 오로라를 관측 가능한 위도가 내려오게 되면서 독일에서도 오로라를 볼 수 있게 되었다고 설명했다. 안 그래도 지금 지구가 매일 더워지고 있는데, 갑자기 태양은 왜 활발하게 활동한다는 것인지. 하지만 물가가 비싼 북유럽으로 여행을 가지 않아도 아내의 버킷 리스트를 채울 수 있는 절호의 기회다. 우리는 인적이 드물고 어두운 곳에서 오로라를 제대로 즐기기 위해 차를 타고서 조금 먼 곳에 있는 작은 언덕으로 가기로 했다. 별이야 집 앞 숲에서도 잘 보이지만, 오로라는 멀리 갈수록 더 기분을 낼 수 있으니까.

렌터카 업체 홈페이지에 들어가 자동차를 예약하기로 했다. 엄청 멀리 갈 것은 아니고, 단둘이 낮은 언덕을 찾아 오를 예정이니 전기로 움직이는 소형 SUV를 예약했다. 사진으로만 보던 오로라다. 평소에는 관심이 없었지만, 실제로 보러 간다고 생각하니 조금씩 기대가 된다. 아내도 신이 난 눈치다. 제발 오늘 밤 날씨가 좋아야 할 텐데.

내가 지금 일하고 있는 막스플랑크연구소는 집 앞 숲길을 따라 걸으면 10분 만에 도착하기 때문에 출퇴근을 위해 차를 소유할 필요가 없다. 그래서 이렇게 필요할 때마다 차를 빌린다. 차를 빌리면 매번 다른 차를 운전해 볼 수 있다는 장점이 있다. 게다가 독일의 렌터카 시스템에는 '뽑기'의 재미도 있다. 빌릴 자동차의 크기와 연료의 종류는 선택할 수 있지만 그 범위 안에서 어떤 차를 배정받을지는 알 수 없다.

이번에는 뽑기 운이 아주 좋았다. 언감생심 고급차인 벤츠를 배정받았기 때문이다. 슈투트가르트는 독일의 자동차 산업 역사에서 중요한 곳이다. 벤츠와 포르셰가 창립된 곳이기 때문이다. 슈투트가르트 거리에서도 이 두 회사의 차가 자주 보인다. 그래서 나 또한 소유는 어려워도 언젠가 한 번쯤은 꼭 운전해 보고 싶던 차였다. 그런데 처음부터 벤츠의 전기차라니, 정말 운이 좋다. 차에 올라탄 뒤 조심스럽게 액셀을 밟았다.

벤츠에서 만든 전기차라 그런지 힘이 좋아서 도로 위를 시원하게 달린다. 연료를 폭발시켜 모터의 피스톤을 움직이는 힘으로 달리는 내연기관 자동차와는 달리 전기로 달리는 전기자동차는 조용하다. 전기모터에서는 내연기관처럼 연료의 폭발이 일어나지 않는다. 소리 없이 흐르는 전류가 있을 뿐이다. 자동차가 달리는 속도에 맞추어 SF 영화에서 들릴 법한 '위잉' 소리가 나기는 하지만, 이 소리는 전기모터에서 직접 나는 소리가 아니다. 보행자의 안전과 운전자의 감성(?)을 위해 전기차 자체에서 스피커로 틀어주는 소리다.

사실 전기차라고 해서 전기만으로 움직이는 것은 아니다. 전기차가 움직일 수 있는 이유는 전기모터 안에서 흐르는 전류 주위의 자석 덕분이다. 만약 내가 자동차 엔지니어였다면 '전자기차'라고 명명했을 것이다. 자석끼리만 서로 힘의 영향을 주고받는 것이 아니다. 움직이는 전자에도 자석은 힘을 가할 수 있다. 하지만 이런 경우에는 힘의 방향이 이상해진

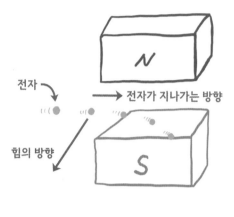

전자

전자가 지나가는 방향

힘의 방향

| 그림 4-1 |

다. 자석이 전자를 끌어당기거나 밀어내는 것이 아니라 제3
의 방향으로 힘을 가하기 때문이다.

[그림 4-1]에서 초록색 공으로 표현한 것이 전자다. 그림
에서 볼 수 있듯 전자가 위아래로 놓인 두 자석 사이에 형성
된 자기장 영역을 지나가게 되면 전자는 자석의 힘을 받는
다. 이때 전자가 받는 힘의 방향은 위도 아래도 아닌 전자가
지나가는 방향의 옆이다. 이 힘을 받은 전자의 궤적은 결국
휘어지게 된다.

이 현상을 위에서 살펴보면 [그림 4-2]와 같은 상황이 벌
어진다. 직선운동을 하던 전자는 [그림 4-1]에서처럼 위쪽의
N극에서 아래쪽의 S극 방향으로 마치 비처럼 떨어지는 자기

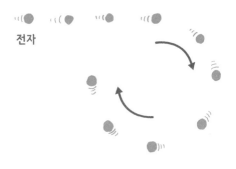

위에서 본 전자의 방향

| 그림 4-2 |

장 영역을 지나며 자신의 오른쪽 방향으로 힘을 받게 된다. 이 힘은 마치 자동차 핸들을 오른쪽으로 꺾은 채 계속 코너를 돌 듯 전자가 계속 오른쪽으로 원을 그리며 운동하게 만든다. 결국 자기장 영역에 진입한 전자는 빙글빙글 돌며 자기장 영역에 갇혀버린다.

같은 원리로 전류가 흐르는 전선도 자기장 영역에 들어가면 자석의 힘을 받게 된다. 전기 또한 전선 안에 있는 전자의 흐름이기 때문이다. 대부분의 전기모터는 바로 이 원리를 활용해서 작동한다. 배터리가 전선에 전류를 흘리고 자석이 전선에 힘을 가하면, 전선이 받게 되는 그 힘으로 전기모터를 작동시키는 것이다.

원리를 안다고 해서 내가 실제로 전기모터를 설계할 수 있는 것은 아니지만, 이 원리를 이용해 벤츠의 자동차 엔지니어들은 효율적이고 강력한 전기모터를 만들었을 것이다. 그 덕분에 전기공학을 잘 모르는 나도 이렇게 멋진 전자기차를 운전할 수 있지 않은가!

오로라가 된
태양의 바람

차를 타고 언덕 꼭대기에 도착했다. 조금 늦게 출발해서 그런지 하늘이 벌써 깜깜해졌다. 일부러 평소 인적이 드물다고 생각한 곳에 왔는데, 오히려 오로라를 보기에 명당이었던 것인지 이미 지평선을 향해 카메라를 설치해 놓은 사람들이 몇 명 보인다. 그런데 오로라가 보이지 않는다. 어제는 분명 하늘에 분홍색 커튼을 쳐놓은 것 같은 사진들이 여기저기 올라왔는데, 오늘은 분홍색이라고는 전혀 보이지 않는다. 심지어 별마저 잘 보이지 않는다. 아무래도 하늘에 구름이 잔뜩 낀 듯하다.

한 시간을 기다렸지만 오로라는 나타날 기미가 없었다. 아내에게 위로가 될지는 모르겠지만, 비록 오늘 오로라를 보지 못했더라도 우리는 종일 오로라가 발생하는 물리학 원리와 함께했다. 냉장고 문에 붙어 있던 자석으로 버킷 리스트 종이들을 붙여놓았고, 전기차를 빌려서 여기까지 타고 왔기 때문이다. 둘 다 물리학적으로 오로라와 원리는 같으니 그렇게 아쉬워하지 않아도 된다.

물리학적으로 오로라가 발생하는 원리는 두 가지 사실을 바탕으로 하고 있다. 하나는 지구가 일종의 거대한 자석이라는 점, 다른 하나는 앞서 말했듯 지구라는 자석에 갇힌 전자가 빙글빙글 돌며 자기장 영역에 갇혀 있다는 점이다.

지구는 북극으로 가까울수록 S극을 띠고, 남극으로 가까울수록 N극을 띠는 거대한 자석이다. 그래서 나침반의 N극은 북쪽을 가리킬 수 있다. 만약 나침반을 가지고 북극을 여행한다면 지리적으로 위도가 90도인 곳과 나침반이 가리키는 북쪽이 완벽히 일치하지 않는다는 점을 주의해야 한다. 북극에서 길을 잃었을 때 나침반을 완전히 믿어서는 안 된다.

거대한 자석인 지구가 만드는 자기장은 우리가 막대자석 주위로 철 가루를 뿌렸을 때 나타나는 모습처럼 양극에서 뻗어 나와 지구 주위를 감싸는 형태로 나타난다. 이 자기장은 나침반을 사용할 수 있는 역할도 하지만, 지구를 지켜주는 보호막 역할도 한다.

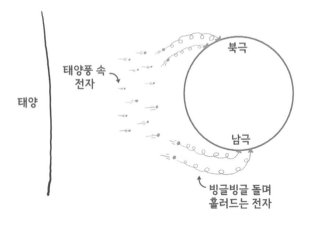

| 그림 5 |

매 순간 수소폭탄이 터지는 거대한 핵반응로 같은 태양은
에너지가 아주 높은 입자들을 사방으로 뿜어낸다. 이때 이
입자들이 만드는 바람을 '태양풍'이라고 한다. 이 태양풍에는
전자들이 섞여 있다.

[그림 5]를 보면 빠르게 날아오던 태양풍 속 전자가 지구
의 자기장 영역에 진입하면서 [그림 4-2]에서 본 전자처럼 직
진하지 못하고 빙글빙글 돌며 자기장에 갇혀버린다. 자기장
에 잡힌 전자는 조금씩 에너지를 잃어버리는데, 날아오던 속
도가 너무 빨라서 에너지를 완전히 잃지 않은 전자들은 자기
장을 따라 나선형 궤도를 그리며 북극 또는 남극으로 흘러
들어간다. 이때 전자가 대기에 있는 기체와 충돌하면서 빛을

내는데, 이 빛이 바로 우리가 보는 오로라다. 그러니 아름다운 오로라는 지구의 자기장이 우리를 태양에서 지켜주고 있다는 증거기도 하다.

이러나저러나 역시 이번에는 오로라 보기에 실패한 것 같다. 그래도 멋진 차도 운전해 보고, 아내와 한밤의 데이트도 즐겼으니 그것으로 위로를 삼아야겠다. 태양의 활동이 활발해져 독일까지 오로라가 내려오는 날이 또 있기를 기대해 본다. 아니다, 아내의 버킷 리스트인 만큼 언젠가는 함께 오로라 여행을 떠날 수도 있지 않을까?

물리학자의
시간

_주기운동, 원자층, 압전효과

아침 6시를 알리는 알람을 듣고 잠에서 깼다. 이상하게 몸이 무겁다. 보통은 알람보다 30분 일찍 일어나 하루를 시작하니까 오늘은 평소보다 30분 더 잔 셈인데 말이다. 이상함을 느끼며 출근 준비를 마치고, 커피를 한 잔 마신 뒤 집을 나섰다. 아차! 손목시계를 잊고 나왔다. 실험물리학자에게 손목시계는 정말 중요하다. 오로지 수식과 기호로 아름다운 이론을 전개하는 수학과는 달리 물리학은 이론이 실험 결과와 일치해야만 의미가 있다. 물리학은 크게 실험물리학과 이론물리학으로 나뉘는데, 이론물리학이 수식과 계산에 집중한다면 실험물리학은 정밀 장비를 이용해 실험을 통한 물질 연구로 자연의 성질을 정확히 밝히는 데 집중한다. 나는 물질을 합성하고 측정하는 일에 특화된 실험물리학자다. 각종 장비를 다룰 때 거추장스러운 것은 좋지 않지만, 첫 실험 때부터 손목시계는 항상 차고 다녔다. 효율적인 실험을 위해서는 시간이 중요하기 때문이다.

한 번의 움직임을 위한 3만 번의 흔들림

커피 테이블 위에 널브러진 손목시계 중 하나를 집어 들고 다시 서둘러 집을 나섰다. 실험실에서 사용할 것이기 때문에 예쁘거나 비싼 시계일 필요는 없다. 내가 일하는 연구소의 실험실은 금속으로 된 기계들로 가득하다. 종일 기계와 씨름하다 시계가 긁히고 찍히는 일도 다반사다. 그러니 튼튼하고, 정확하고, 시간이 잘 보이는 시계가 최고다. 하지만 이 모든 조건을 만족시켜 주는 시계를 찾는 것은 은근히 어려운 일이다.

시계의 핵심 부품은 시곗바늘을 움직이는 '무브먼트movement'다. 무브먼트의 역할은 1초를 정확히 재는 것이다. 초가 모여 분이 되고, 또 시가 되기 때문에 아주 작은 오차라도 시간이 지나면 오류가 눈덩이처럼 불어난다. 1초당 발생하는 0.1초의 오차는 하루 24시간이 지나면 두 시간 이상의 오차가 된다. 그러니 어떤 물리학적 원리를 이용하든지 간에 1초마다 혹은 1초를 2, 3, 4 등의 자연수로 나눈 만큼의 시간마다 바늘이 정확히 움직여야 한다.

시계를 만들기 위해서는 주기운동을 하는 물리 현상이 필요하다. 가장 간단한 주기운동 물리 현상은 진자운동이다. 막대 끝에 달린 무게 추를 공중으로 들어 올렸다가 놓으면 일정한 주기를 가지고 왕복으로 움직인다. 진자운동의 주기는 무게 추에 연결된 막대 길이와 관련이 있는데, 막대의 길이가 길어질수록 주기도 길어진다. 물론 길이가 두 배 늘어난다고 해서 주기도 딱 두 배만큼 늘어나는 '선형 비례관계'는 아니지만 말이다. 우리 주변에서 찾을 수 있는 가장 대표적인 주기운동으로 그네가 있다.

간단한 공식으로 계산해 보면 1미터 정도 되는 길이의 시계추를 사용한다고 했을 때 진자운동은 2초 주기로 일어난다. 이때 시계추는 1초에 한 번씩 끝에 닿는데, 시계추가 양 끝에 한 번씩 닿을 때마다 초침이 움직이도록 설계하면 시계를 만들 수 있다. 긴 시계추가 달린 괘종시계도 이런 원리를 이용한다.

진자운동을 이용해 시계를 만드는 방식은 간편하지만 중력에 의존해야 한다. 왕복운동을 할 때는 평형상태에서 벗어

낮을 때 원래대로 돌아오게 만드는 복원력도 필요하다. 괘종시계의 시계추는 바로 중력이 복원력 역할을 한다. 하지만 위치와 각도가 매 순간 바뀌는 손목시계에 활용하기에는 무리가 있다. 그렇다면 중력 없이도 일정하게 주기운동을 하게 돕는 물리 현상에는 어떤 것이 있을까?

손목시계에 중력 대신 활용할 수 있는 것은 탄성력이다. 손목시계 안에는 소용돌이 모양의 용수철이 들어 있다. 이 용수철이 일정한 주기로 감겼다가 풀리는 것을 반복하며 시계를 움직인다. 고가 손목시계는 대부분 이 방법을 사용하는데, 비싸고 예쁜 손목시계에 숨겨진 원리도 이처럼 의외로 간단하다.

하지만 용수철을 사용하는 손목시계를 실험실에서 사용하기에는 몇 가지 문제가 있다. 먼저 이런 손목시계는 용수철의 탄성력 덕분에 배터리가 필요 없지만 주기적으로 태엽을 감아주어야 한다. 아주 귀찮은 일이다. 용수철은 손에 들고 가볍게 걷기만 해도 걸을 때의 진동이 용수철 주기에 영향을 준다. 손목시계는 손목에 매달려 있기 때문에 움직임에 따라 사정없이 흔들려서 용수철이 안정적으로 감겼다가 풀리는 데도 문제가 생긴다. 이를 보완하기 위해 여러 기술을 적용했지만, 여전히 용수철을 활용하는 기계식 손목시계는 충격을 받을수록 정확도가 떨어지고 고장 나기 십상이다. 게다가 온도도 문제가 된다. 온도에 따라 용수철의 특성이 변할 수 있기 때문이다. 가격을 차치하고서라도 실험용 손목시계로 기계식은 탈락이다!

손목시계의 또 다른 유형으로는 배터리로 작동하는 쿼츠식 시계가 있다. 내가 가진 손목시계들도 모두 쿼츠식 시계다. 굳이 손목시계가 아니더라도 쿼츠식 시계는 모든 시계 중에서 가장 흔한 방식의 시계다. 종종 시계 앞면 유리에 'Quartz(쿼츠)'라고 적힌 것을 볼 수 있는데, 이 단어는 유리의 주성분인 수정 혹은 석영을 뜻하기도 한다. 그래서 나는 어렸을 때 시계 앞면 유리의 성분을 표시한 것이라고 생각했다. 하지만 나중에 알고 보니 시곗바늘을 움직이는 무브먼트의 종류를 표시한 것이었다.

그렇다면 쿼츠식 시계는 어떤 원리로 시간을 재는 것일까? 물리적으로 움직이는 부품을 눈으로 확인할 수 있는 기계식 시계와는 달리 쿼츠식 시계는 뜯어서 내부를 보아도 그 원리를 알기 어렵다. 그저 전기회로와 배터리가 톱니바퀴에 연결되어 있을 뿐이다. 쿼츠식 시계 또한 일정한 주기로 진동하는 '진동자'라는 왕복운동 장치를 사용한다. 다만 이 진동자의 진동이 굉장히 빠를 뿐이다. 일반적인 기계식 시계가

1초에 5~10회 정도 진동하도록 만들어졌다면 쿼츠식 시계의 진동자는 1초에 32768회 진동한다. 쿼츠식 시계의 진동자는 회로 안의 아주 작은 수정(석영) 조각으로 만들어진다. 이제 쿼츠라는 이름의 유래가 이해되지 않는가?

수정진동자가 빠르고 일정하게 진동할 수 있는 이유는 글로켄슈필이 다양한 음의 소리를 내는 원리와 같다. 글로켄슈필의 짧은 건반을 두드리면 높은 소리가, 긴 건반을 두드리면 낮은 소리가 난다. 건반이 서로 다른 음을 내는 이유는 건반마다 고유한 진동수를 각기 다르게 갖기 때문이다. 진동수는 1초당 물체가 몇 번 진동하는지 나타낸다. 물체가 갖는 고유진동수는 그 물체의 물질, 크기, 모양, 무게 등에 따라 달라진다. 같은 물체라면 크고 무거울수록 진동하기 어렵기 때문에 느리게 진동하고, 당연히 고유진동수도 작다. 그래서 긴 건반이 낮은 소리를 내는 것이다. 또한 물체의 고유진동수는 변하지 않기 때문에 두드릴 때마다 매번 같은 음을 낼 수 있다.

수정진동자도 글로켄슈필의 건반들처럼 고유진동수가 있다. 진동자를 만들 때 시계공들은 원하는 고유진동수를 얻기 위해서 수정진동자를 납작하게 눌린 디귿(ㄷ) 자 모양으로 정밀하게 깎아낸다. 이렇게 만들어진 진동자의 길이는 고작 몇 밀리미터밖에 되지 않지만, 1초당 진동수는 32768회나

진동한다. 조수미처럼 세계적인 소프라노가 내는 음이 1초당 1400회 진동하는 소리임을 감안하면, 퀴츠식 시계의 진동자는 인간이 듣기도 어려울 정도로 엄청나게 높은 음을 내는 '슈퍼 소프라노'인 셈이다.

그런데 왜 하필 '32768'이라는 숫자를 고유진동수로 채택했을까? 사실 이 숫자는 특별한 목적을 가진 숫자다. 2는 제곱하면 4, 세제곱하면 8, 네제곱하면 16이 되는데, 이 계산을 계속해서 열다섯 번 제곱하면 32768이라는 숫자가 나온다. 이 무지막지해 보이는 숫자를 활용하기 위해 퀴츠식 시계 안에는 감지된 신호의 절반만큼만 반응하는 '소자'라는 이름의 아주 작은 장치 열다섯 개가 줄지어 있다.

우선 32768회 진동한 수정진동자의 떨림을 감지한 첫 번째 소자가 그 절반으로 1초당 16384회 반응한다. 두 번째 소자는 다시 그 절반인 8192회 반응하고, 그렇게 마지막 열다섯 번째 소자는 1초당 1회 반응하게 된다. 퀴츠식 시계는 열다섯 번째 소자의 마지막 신호를 이용해 초침을 움직이며 작동한다. 우리 눈에 보이는 것은 1초에 한 번 움직이는 초침이지만, 수정진동자는 이 한 번의 움직임을 위해 3만 번 넘게 떨고 있다.

원자를 쌓는 일

    •

튼튼하고 정확한 손목시계를 차고 연구소로 향했다. 그런데 시계를 보니 아직도 6시다. 대체 무슨 일이지 싶어 스마트폰을 꺼내 시간을 확인하니 7시다. 이제야 오늘 아침에 왜 유난히 피곤했는지 알겠다. 오늘부터 서머타임이 적용되어 한 시간을 덜 잔 것이다. 이럴 때는 시간을 손수 한 시간 뒤로 옮겨주어야 한다. 한 시간을 덜 잔 것이 억울하지만 가을이 되면 한 시간 더 잘 수 있게 되니 괜찮다.

연구소에 도착해 가장 먼저 가는 곳은 사무실이 아니라 실험실이다. 지난밤에 혹시 무슨 일이 생기지는 않았는지 실험실을 점검하고, 오늘 진행할 실험을 준비하면서 연구소에서의 일과를 시작하기 위함이다. 무거운 실험실 문을 여니 진공펌프와 전자장치의 팬이 돌아가는 소리가 나를 반긴다. 이 익숙한 기계음들은 언제나 내 마음을 편안하게 해준다. 실험실의 불을 켜고 모니터의 숫자들을 확인했다. 장비 상태는 모두 양호하다. 오늘 사용할 실험 장비는 '분자선 에피택시epitaxy'라는 장비다. 원자를 한 층씩 쌓아 얇은 막을 합성할 때 사용한다.

물질이 원자로 이루어져 있다는 사실을 아는 사람은 아마 많을 것이다. 하지만 그 원자를 한 층씩 쌓아서 새로운 물질을 만들 수 있다는 사실을 아는 사람은 거의 없을 것이다. 핀셋 같은 도구로 원자를 집을 수 있는 것도 아닌데 어떻게 원자를 쌓는다는 것일까?

지금은 봄이라 모두 녹았지만, 지난겨울 눈이 많이 내려 초원이 하얗게 눈으로 덮인 날이 있었다. 우리가 눈송이를 하나씩 정확하게 옮겨 놓지 않아도 무작위로 눈송이가 흩날리며 쌓이다 보면 마지막에는 아주 평평하고 깨끗한 눈밭이 된다. 원자를 쌓는 과정은 평평한 땅에 눈이 쌓이는 것과 크게 다르지 않다.

우선 준비해야 하는 것은 원자가 쌓일 '평평한 땅'이다. 이를 '기판'이라고 한다. 기판의 종류는 다양하지만, 지금처럼 아주 얇은 반도체 박막을 만들 때는 주로 실리콘 기판이 많이 사용된다. 땅이 고르지 않으면 눈밭도 울퉁불퉁해지는 것처럼 반도체 박막의 품질 또한 기판의 품질에 따라 달라진다. 그러니 최대한 평평하고 깨끗한 기판을 준비해야 한다.

기판이 준비되면 이제 이 기판 위로 원자들을 떨어뜨려야 한다. 이때는 물질을 증발시키는 방식을 사용한다. 증발은 사람이 통제할 수 없는 현상이라고 생각할 수도 있지만 사실은 그렇지 않다. 물을 예로 들어보자. 물이 얼음(고체), 물(액체), 수증기(기체) 세 가지 상태를 갖는다는 사실은 잘 알고 있을 것이다. 보통 물에서 수중기로 변하는 과정을 '끓는다'고 표현한다. 하지만 수중기가 되기 위해서 물이 꼭 끓어야 할 필요는 없다. 상온에 가만히 두어도 물은 증발해서 기체가 된다. 또한 물의 온도를 올려 증발 속도를 빠르게 하거나 온도를 낮추어 증발 속도를 느리게 할 수도 있다. 다른 원자들이라고 해도 마찬가지다. 다만 이런 일이 일어날 수 있는 온도가 원자마다 다를 뿐이다.

구리를 예로 들어보자. 구리는 붉은색을 띠는 금속으로, 섭씨 1085도에서 액체가 된다. 액체 상태인 구리 표면에서는 증발 현상이 일어나면서 원자들이 표면을 벗어난다. 이렇게 탈출해 날아가는 원자들에는 방향성이 없다. 하지만 원자를 쌓으려면 기판을 조준해 그 위에 원자가 떨어지도록 해야 한다. 원자를 하나하나 골라서 쏘는 것은 아니지만 적어도 원자가 한 방향으로 모여 날아가는 '빔'을 만들어야 한다.

무작위로 날아가는 원자들에 방향성을 주어서 빔으로 만들려면 원자를 한 방향으로 몰아야 한다. 이를 위해서 [그림 6]처럼 액체 상태가 된 구리를 긴 원통 안에 집어넣는다. 이렇게 하면 구리 표면에서 탈출하는 원자의 방향이 제각각이어도 긴 원통을 빠져나온 원자들은 원통 축과 나란한 방향으로 날아가게 된다. 이렇게 만들어진 '원자 빔'을 사용하면 원하는 곳에 원자를 쌓아 물질을 합성할 수 있다.

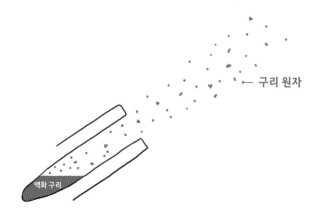

← 구리 원자

액화 구리

| 그림 6|

    물질이 쌓일 수 있는 기판도 있고, 원자를 원하는 곳에 날려 보낼 방법도 찾았다. 이제 박막을 만들 준비가 완료된 것 같지만 아직 한 가지가 더 필요하다. 우리는 여태 만들려고 하는 물질의 원자만 생각하고, 그 주변은 아무것도 고려하지 않았다.

    우리 주위는 텅 비어 있는 것이 아니다. 오히려 공기로 가득 차 있다. 공기 중에는 질소N, 산소O, 수소H 등의 분자들이 우글거린다. 기판을 향해 구리 원자 빔을 쏜다고 해도, 이런 상황에서는 1밀리미터도 날아가지 못하고 공기 중에 있는 다른 분자들과 충돌하고 만다. 구리 원자들이 실험 장비에서 출발해 기판 위에 도착하려면 1미터 가까이 날아가야 하는 데 말이다. 그러니 원자들이 잘 날아가려면 중간에 길을 막고 있는 공기 분자들을 제거해야 한다. 즉 진공상태가 되어야 한다. 원자를 쌓는 모든 과정은 진공상태로 만든 거대한 공간 안에서 이루어진다. 대부분의 실험 장비도 모두 진공상태를 유지하기 위한 장비들이다.

자, 이제 기판을 깨끗이 세척하고, 이번 원자를 쌓는 일의 재료가 될 구리와 다른 금속들도 뜨겁게 달구어 놓았다. 완벽하게 진공상태니 이제 진짜 실험할 준비 완료다!

아주 작은 무게를 재는 저울

본격적으로 실험을 시작하기 위해 실험 장비를 조정할 차례다. 실험 장비를 조정하는 일은 시간, 길이, 진동수 등 실험 장비에서 측정되는 값을 표준값과 맞추는 과정이다. 연주하기 전에 악기를 조율하는 것과 같다. 모차르트, 베토벤 등 아무리 대가가 작곡한 음악이라고 해도 조율되지 않은 악기로 연주하면 소음과 다를 바 없다. 실험 장비도 마찬가지다. 연구자의 실력이 아무리 뛰어나도 제대로 조정되지 못한 장비에서 나오는 결과는 믿을 수 없다.

원자를 쌓을 때 중점적으로 조정해야 하는 것은 원자가 쌓이는 속도다. 이 속도를 정확히 알아야 물질의 조성組成도 정확하게 조절할 수 있다. 예를 들어 구리와 철을 일대일 비율로 섞어 새로운 물질을 합성한다고 해보자. 방법은 간단하다. 구리 원자를 한 층 쌓고, 그 위에 철 원자를 한 층 쌓고, 다시 구리 원자를 한 층 쌓는 식으로 계속 반복하면 된다. 하지만 실험 장비가 제대로 조정되지 않아서 이 둘의 비율이 맞지 않게 된다면 실험 결과는 엉망으로 나올 것이다.

사실 기판 위에 얼마나 많은 원자가 날아와 안착할지 알아내는 것도 물리학에서는 상당한 난제다. 도대체 쌓일 원자층의 두께를 어떻게 정확하게 측정하라는 말인가? 마음 같아서는 내가 원자만 한 크기로 작아진 다음 기판 위에 올라가 날아오는 원자들을 하나하나 세고 싶다. 이 문제를 공략하는 방법에는 여러 가지가 있겠지만, 내가 쓰는 방법은 아주 정밀한 저울을 사용하는 것이다. 원자 빔이 향하는 곳에 이 저울을 놓으면 1초당 얼마나 많은 원자가 쌓이는지 알 수 있고, 이 정보를 이용하면 원자 단위로도 물질 제어가 가능하다.

그러나 이렇게 정밀한 저울을 만들기란 쉬운 일이 아니다. 눈에 보이지도 않는 원자 한 층의 무게를 재는 저울이라니, 상상하기도 힘들다. 흔히 '무게'라고 부르는 킬로그램 단위의 값을 물리학에서는 '질량'이라고 한다. 물체나 물질이 지구에서 받는 중력의 크기가 얼마나 되는지는 질량에다 지구가 내뿜는 중력장의 세기를 곱하면 얻을 수 있다. 쉽게 말하면 질량이 크거나 중력장의 세기가 셀수록 질량이 받는 중력의 크기도 커진다.

우리가 일상에서 보는 저울도 모두 중력을 활용한다. 어떤 물체를 저울 위에 올려놓았을 때 물체가 받는 중력이 저울에 고스란히 전달되면 저울은 이 중력의 크기를 질량으로 환산해 숫자로 나타낸다. 하지만 이런 방식은 질량이 너무 작거나 중력장의 세기가 달라지면 사용하기 어렵다. 그래서 얇은 원자층의 질량을 재야 하는 우리는 일반적인 저울을 사용할 수 없다. 원자층의 질량을 재기 위해서는 조금 특별한, 하지만 익숙한 방법을 써야 한다. 바로 쿼츠, 즉 수정진동자를 사용하는 것이다.

앞에서 보았듯 물체는 각각 고유한 진동수를 갖는다. 이 고유진동수는 질량에 따라 바뀐다. 만약 원자가 진동하는 수정진동자에 달라붙고, 원자가 달라붙은 양에 따라 수정진동자의 고유진동수가 바뀌는 것을 측정할 수 있다면 우리는 원자층의 질량도 유추할 수 있다. 특히 지금처럼 이렇게 작은 질량 변화를 측정할 때는 고유진동수가 높은 수정진동자를 쓰는 것이 좋다. 내가 있는 실험실에서는 1초당 500만~600만 회 정도 진동하는 수정진동자를 사용한다. 어떤 물체가 이렇게 높은 진동수로 떨린다는 것은 상상하기 어려운 일이다. 그럼에도 이 진동자는 매일같이 실험실에서 열심히 흔들리며 원자층의 질량을 재는 데 일조하고 있다.

이때쯤 한 가지 궁금증이 인다. 이렇게 빠르게 진동하는데 어떻게 움직임을 측정할 수 있는 것일까? 여기에는 또 다른 물리 현상이 숨어 있다. 바로 '압전효과'다. 압전효과는 어떤 물질에 특정 방향으로 압력을 가했을 때 전압이 생기는 현상이다. 간단히 말해 물질을 누르면 전기가 생기는 것이다. 가스레인지나 라이터를 사용하기 위해 힘을 가하면 불이 붙기 전 스파크가 튀는 모습을 볼 수 있는데, 이 역시 압전효과를 이용한 장치다.

수정진동자의 진동을 자세히 보면 아주 빠른 수축과 팽창이 반복된다. 진동에 맞추어 전압이 생기는 덕분에 진동하는 수정진동자에 전기회로를 연결하면 전기신호가 빠르게 변하는 것을 측정할 수 있다. 이렇게 측정된 전기신호를 분석하면 수정진동자의 진동수도 계산이 가능하다.

[그림 기처럼 수정진동자에 원자 빔을 조준해서 쏘면 원자들이 차곡차곡 쌓인다. 모니터에는 수정진동자의 진동수가 그래프로 그려지는데, 시간이 지날수록 원자가 달라붙으며 진동수가 점점 떨어진다. 이 순간이 바로 내가 정말 원자

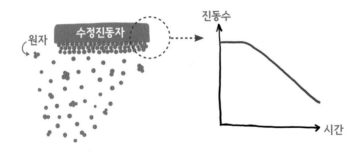

| 그림 7 |

단위로 물질을 제어하고 있다는 실감이 나는 때다. 그래프로 얻은 정보들을 통해 얼마나 빠른 속도로 원자가 쌓이는지 계산했다. 결과를 보니 원자 한 층을 쌓는 데 몇 분이 걸리는 모양이다. 이렇게 실험 장비 조정도 끝났다. 오늘 이곳에서는 어떤 물질이 길러질까?

지친 하루를
밝히는
양자역학의 빛

_결합, 물, 흑체복사

오늘은 평소보다 긴 하루였다. 세상에 어느 일이 쉽겠냐마는 실험물리학자라는 직업도 온몸과 온 정신을 모두 써야 하는 고된 일이다. 실험하느라 몸을 쓰고, 데이터 분석과 논문 작성을 위해 머리를 쓰고, 학생 인턴들과 동료 과학자들 그리고 엔지니어들과 소통하는 데 마음을 쓴다. 나야 워낙 실험실을 좋아하기 때문에 발걸음 가볍게 퇴근하는 날이 대부분이지만, 그럼에도 어떤 날은 온몸에 진이 다 빠져 힘겹게 걸음을 옮기기도 한다. 그런 날은 집에 돌아와 서재의 책장을 뒤적이며 위안을 삼는다. 한국에서 독일로 올 때 책을 많이 가져올 수 없었지만, 그래도 오래 두고 여러 번 읽을 책들을 챙겨 왔다.

원자가 원자를
만날 때

　책장을 뒤지다 보니 김훈 작가의 수필집 『연필로 쓰기』가 눈에 들어온다. 이 책도 이미 여러 번 읽었지만, 읽을 때마다 마음을 편안하게 해주어서 매번 손이 간다. 오늘같이 기운 없는 날이면 더욱 그렇다. 오래 앉아 많이 읽지 못해도, 몇 장 되지 않는 한 꼭지의 글만 읽어도 시끄러웠던 마음이 차분해진다. 이런 따뜻한 에세이를 읽을 때면 어떻게 세상을 보며 이처럼 감성적인 생각을 할 수 있는지 부러워지기도 한다.

　직업병인지 내 눈에 세상은 수치화하고 공식화할 수 있는 것들이 더 크게 다가온다. 이런 눈은 연구에는 아주 유용하지만, 그래도 어떨 때는 나도 문학가의 따뜻한 시선으로 세상을 살아보고 싶다. 물리학자로서 훈련받기 전 내게도 이런 감성이 살아 있었을까? 아니면 그저 아내 말대로 얼마 전 유행하던 성격 유형 검사에 따른 T와 F의 차이인 것일까? 아내는 종종 두 손으로 알파벳 T를 만들며 나를 '극T'라고 놀리고는 한다. 반론하자면 성격 유형은 결과지, 원인이 아니다. 검사 후 나온 결과는 지금까지의 삶이 내 눈과 마음을 이성적으로 빚어서 발현된 것이지, 내가 태어날 때부터 'T 유형'이었기에 감성적이지 않은 것은 아니라는 말이다.

감성적인 문학가인 김훈 작가와 나 사이에는 한 가지 공통점이 있다. 바로 연필로 글을 쓰는 것을 좋아한다는 것이다. 키보드로 글을 쓰면 내 생각보다 손가락이 더 빠르게 달려 나간다. 생각보다 더 멀리 저만치 나아간 글을 지우고 다시 쓰기를 반복하느라 글을 지울 때 사용하는 백스페이스키가 유난히 고생한다. 하지만 연필로 글을 쓰면 글씨를 쓰는 속도와 내 생각의 속도가 맞아 편하게 산책하는 기분이 든다.

연필은 어릴 때부터 사용하던 도구여서 그런지 손에 느껴지는 감각도 편안하다. 초등학교 저학년 때 담임 선생님은 볼펜은 너무 미끄럽다며 교실에서 사용하는 것을 금지했다. 그래서 나는 액체 잉크를 사용하는 볼펜 대신 연필이나 색연필, 크레파스 같은 도구를 써야 했다.

이런 도구들은 심이 갈리면서 그 일부가 종이 위에 남는다. 심의 일부를 뜯어내는 것이나 마찬가지니, 볼펜처럼 종이 위를 미끄러지듯 달리지 못하고 뻑뻑하게 긁힌다. 이런 느낌이 가장 심하게 느껴지는 것은 크레파스다. 가끔은 종이 위를 힘겹게 달리던 크레파스의 덩어리가 떨어져 종이 위에 남거나 아예 부러지기도 했다. 어렸을 때는 이 규칙을 정한 선생님을 이해하지 못했지만, 이런 필기구를 밀고 당긴 덕분에 어린 내 손에 글씨를 쓰기 위한 근육들이 붙었을 것이다.

연필은 참 신기한 도구다. 부드럽게 뭉개지는 크레파스와 달리 심이 아주 단단한데도 종이 위에 쉽게 흔적을 남기기 때문이다. 그 이유는 연필심의 주성분인 흑연의 격자 구조가 갖는 특성 때문이다. 흑연의 원자들은 '판데르발스Van der Waals 결합'이라는 특별한 형태로 결합되어 있다.

일반적으로 고체 상태에서 원자 간 결합은 전자에 의해 매개된다. 가장 간단한 결합 방식은 '공유결합'이다. 이 방식은 두 개의 원자가 사이에 여러 개의 전자를 공유하며 결합하는 방식이다. 전자는 음(-)전하를 띠는 입자라 두 개의 원자 사이에서 양(+)전하를 띠는 원자핵을 끌어당겨 두 원자가 서로 붙어 있도록 만든다. 전자가 마치 접착제 같은 역할을 하는 것이다.

두 번째 방식은 '이온결합'이다. 이 방식은 한 원자에서 다른 원자로 전자를 완전하게 넘기며 결합하는 방식이다. 이 과정에서 자신이 갖고 있던 전자를 잃거나 새로운 전자를 얻게 되어 기존에 갖고 있던 개수와는 다른 수의 전자를 갖게 된 원자들을 '이온'이라고 부른다. 전자를 하나 더 갖게 된 원자는 음전하를 띠는 '음이온'이, 전자를 하나 잃어버리게 된 원자는 양전하를 띠는 '양이온'이 된다. 서로 반대되는 성질의 두 이온은 서로 끌어당기며 결합한다. 이온결합의 대표적인 예로는 소금을 이루는 염화나트륨NaCl이 있다.

공유결합과 이온결합은 원자와 원자 사이에 모종의 거래가 일어난다는 공통점이 있다. 이 거래로 전자기적 불균형이 생기며 '인력(끌어당기는 힘)'을 만들어낸다. 이렇게 발생한 인력은 원자들을 한데 묶을 수 있을 정도로 강력하다. 하지만 판데르발스 결합에서는 이 거래가 일어나지 않는다. 그래서 원자는 여전히 자신의 전자들을 갖고 있다. 대신 전자의 위치가 조금씩 재배치되어서 아주 약한 인력을 만들어낼 뿐이다. 판데르발스 결합으로 발생하는 인력은 매우 미약하지만, 세상의 많은 물리 현상은 이 인력 덕분에 가능해졌다. 우리가 연필로 글을 쓸 수 있는 것처럼 말이다.

[그림 8]은 흑연의 격자 구조다. [그림 8]처럼 흑연은 프랑스의 디저트인 밀 크레프같이 탄소 원자로 이루어진 층이 한 층 한 층 켜켜이 쌓여 있다. 더 자세히 살펴보면 탄소 원자가 육각형의 꼭짓점에 해당하는 위치에서 얇은 원자 막을 만들고 있다. 이 막 안에 있는 탄소 원자들은 공유결합 방식을 통해 서로 전자를 공유하며 묶여 있다.

탄소 원자들 사이의 직접적인 결합은 아주 강력해서 웬만한 힘으로는 끊어내기 어렵지만, 벌집 같은 구조의 얇은 원자 막들은 판데르발스 결합 방식으로 묶여 있다. 강력한 공유결합이 일어나지 않는 만큼 이 결합은 쉽게 끊어진다. 그

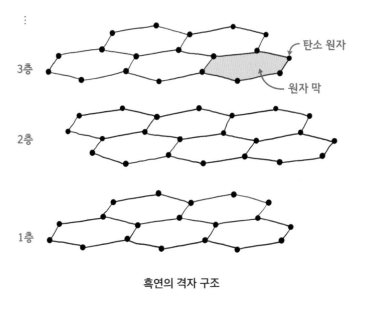

3층

2층

1층

탄소 원자

원자 막

흑연의 격자 구조

| 그림 8 |

래서 종이 위에 연필심을 긁으면 흑연 조각들이 떨어져 검은 흔적이 남는 것이다.

하지만 이런 과정이 아무 때나 가능한 것은 아니다. 판데르발스 결합도 나름 결합 방식이기 때문에 이를 끊어내려면 어느 정도의 힘이 필요하다. 부드러워 보이는 종이를 전자 현미경으로 확대해 보면 아주 많은 섬유가 얽히고설켜 있는 모습을 볼 수 있다. 이 식물성 섬유들은 아주 거칠다. 거친 섬유 표면이 연필심에 마찰력을 일으켜 흑연을 뜯어낸다.

섬유 표면 사이사이에 흑연이 끼면서 종이에 흔적이 남는 것이기 때문에 같은 종이일지라도 스케치북처럼 표면이 거친 종이에서는 연필로 글씨를 쓰거나 그림을 그리기가 더 쉽다. 반면에 고품질 복사 용지처럼 표면이 매끄러운 종이에서는 연필을 사용하기가 어렵다.

물은 액체라서
특별하다

　책을 읽으며 연필에 대해 생각하다 보니 나도 앉아서 글을 쓰고 싶어졌다. 글을 쓰기 전에는 언제나 차를 한 잔 마신다. 글 쓰기 전의 워밍업이라고 해야 할까? 이른 아침에는 커피가, 늦은 저녁에는 캐모마일차가 좋다. 창밖으로 이미 어둠이 내렸으니 캐모마일차를 끓여야겠다. 서재 바로 옆 주방으로 넘어가 커피포트에 물을 넣고 버튼을 눌렀다.

　바닥을 제외하고 전부 강화유리로 만들어진 이 커피포트는 내부가 훤히 보인다. 버튼을 누른 지 1분도 채 되지 않아 바닥에 작은 공기 방울들이 맺혔다. 액체 상태에서 물은 섭씨 100도가 최대 온도지만, 물을 빠르게 끓이기 위해서 커피포트의 열선은 수백 도가 넘는 온도까지 올라간다. 그래서 열선이 놓인 부분에 있는 물은 유독 빠르게 기화되어 작은 공기 방울을 만든다. 몇 분이 지나 전체적으로 물의 온도가 오르면서 공기 방울이 점점 커지더니 금세 물이 부글부글 끓어올랐다.

'딸깍' 소리와 함께 끓던 물이 잦아든다. 찻물이 준비되었다. 컵 안에 놓아둔 티백을 적시며 물이 참 특별한 물질 같다는 생각이 든다. 우리 몸이 물로 이루어져 있어서라든가 하는 감성적인 이유로 특별하다는 것은 아니다. 물이 상온에서 액체 상태라는 사실이 놀랍고, 100도라는 높은 온도에서는 기체 상태로 변한다는 사실이 놀라워서 그렇다.

우리는 물질의 상태인 고체, 액체, 기체에 대해 잘 알고 있다. 그런데 사실 돌아보면 주변에 '액체' 상태로 존재하는 물질은 많지 않다. 내가 고체를 연구하는 고체물리학자라서 하는 말이 아니다. 주변을 눈으로 훑어보면 물질 대부분이 고체 상태로 존재하지 않는가? 게다가 고체가 아닌 나머지 공간에는 물질이 보통 기체 상태로 존재한다. 주변에서 액체 상태로 존재하는 물질은 물이거나 물에 녹아 있거나 물과 섞여 희석된 상태로 존재하는 것이 전부다. 물이 액체의 세계를 어찌나 광범위하게 지배하고 있는지, 연구소에서 건강검진을 받을 때도 '물을 많이 마시라'고 하는 대신에 '액체를 많이 마시라'고 한다. 그 정도로 액체 상태로 존재하는 물질은 적고, 그나마 있는 액체들도 사실상 물이 대부분이다.

이래도 물 외에 액체 상태로 존재하는 물질이 매우 드물다는 사실을 믿기 어렵다면 원소 주기율표를 살펴보자. 상온인 섭씨 25도에서 액체 상태로 존재하는 원소는 거의 없다. 정확하게 말하자면 118개의 원소 중에서 수은Hg과 브롬Br, 단 두 가지 원소만 상온에서 액체 상태로 존재한다.

물은 수소와 산소라는 원소들이 결합된 덩치 큰 분자기 때문에 단순 원소와 비교하는 것이 불공평해 보일 수도 있지만, 물 분자는 분자 중에서도 상당히 가벼운 편에 속한다. 이것도 믿기 어렵다면 숫자로 이야기해 보자. 물 분자와 질량이 비슷한 물질에는 어떤 것이 있을까?

물 분자는 잘 알려져 있듯 두 개의 수소 원자와 한 개의 산소 원자로 이루어져 있다. 수소 원자의 질량을 1이라고 한다면 산소 원자의 질량은 16 정도 된다. 그러므로 물 분자의 질량은 모두 합쳐 18이다. 질량의 단위를 똑같이 쓴다면 네온Ne 원자의 질량이 20이니, 네온 원자 하나가 원자를 세 개나 합친 물 분자보다 무거운 셈이다. 그렇지만 네온은 기체고, 물은 액체다.

네온처럼 주기율표에서 가장 오른쪽에 있는 원소들을 '귀족 기체noble gas'라고 한다. 이 원소들은 좀처럼 다른 원소들과 결합하지 않고, 고고하게 홀로 공중을 떠돌기 때문에 이런 이름을 얻었다. 네온보다 훨씬 무거운 원소인 크립톤Kr이나 크세논Xe 역시 귀족 기체다.

여전히 분자를 원소와 비교하는 것이 불공평하다고 생각할지 모른다. 그렇다면 원자 홀로 떠다니는 귀족 기체가 아니라 물처럼 분자를 이루고 있는 경우는 어떨까?

과자 봉지의 충전재로 쉽게 접하는 질소도 질량이 28이나 되어 물보다 훨씬 무겁지만 기체 상태고, 두 개의 산소 원자만으로 구성된 산소 역시 질량이 32나 되어 물보다 무겁지만 액체가 아닌 기체 상태. 이쯤 되면 물이 정말 신기한 물질이라는 사실을 받아들일 수 있을 것이다. 물은 어떻게 액체 상태로 존재할 수 있는 것일까?

물이 특별한 물질인 이유도 결합 방식과 관련이 있다. 기체가 액체로 변할 수 있는 것도 분자들 사이에 작용하는 인력 때문이다. 기체 상태에서 분자들은 거의 상호작용하지 않는다. 오히려 멀리 떨어져 공간을 빠르게 날아다닌다. 온도가 높아질수록 분자들은 더 빠른 속도로 날아다닌다. 반면 액체 상태에서 분자들은 서로 스칠 정도로 가까운 거리를 느리게 돌아다닌다. 온도가 낮아질수록 기체 상태인 분자의 속도는 느려지고, 분자들 사이의 인력이 서로를 붙잡아 두기에 도 충분해져 액체 상태로 변하는 것이다.

과거에는 분자들 사이에 인력이 존재한다는 사실을 몰랐다. 하지만 분자들 사이에 힘이 전혀 존재하지 않는다면 기체에서 액체로 바뀌는 상태변화를 설명할 방법이 없다. 그래서 상태변화를 이론적으로 설명하고 이해하는 것이 당시 물리학의 난제기도 했는데, 이때 등장한 개념이 바로 판데르발스 결합이었다. 분자는 양전하와 음전하가 서로 균형을 이루는 중성 상태지만, 판데르발스 결합으로 인해 일시적으로 전자의 위치가 재배치되면 힘의 균형이 깨져 분자 간 결합이 가능해진다. 액화 질소나 액화 산소가 존재할 수 있는 이유도 판데르발스 결합 때문이다.

그러나 이 결합 방식은 분자들 사이에 작용하는 인력이 아주 약하다. 빠르게 날아다니던 기체 상태의 분자를 잡아두기에 역부족이다. 그래서 온도를 낮추어 기체 분자의 속도를 충분히 느리게 해주어야 기체를 액체 상태로 만들 수 있다. 그래서 질량이 28인 질소는 영하 196도, 질량이 32인 산소는 영하 183도라는 아주 낮은 온도가 상태변화가 일어나는 끓는점이 된다. 반면 물은 영상 100도에서 끓기 시작하니 우리 주변에서 흔히 접하는 기체보다 약 300도나 더 높은 온도에서 끓으며 상태가 변하는 것이다. 이는 다르게 말하면 물 분

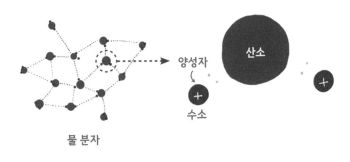

| 그림 9 |

자들 사이에 작용하는 인력이 다른 물질들에 비해 월등하게 강하다는 의미다.

물 분자에서 일어나는 분자 간 결합은 '수소결합'이라고 한다. 수소는 여러모로 특이한 녀석인데, 양성자 하나와 전자 하나로 이루어진 가장 간단한 원자기도 하고, 가장 가벼운 원자기도 하다. 수소가 다른 원자와 결합할 때는 보통 전자를 빼앗기는 경우가 많다. 그래서 전자를 빼앗긴 수소 원자는 양전하를 띠는 양성자에 가까워진다. [그림 9]에서도 볼 수 있듯 물 분자가 되면 전자를 잃어버린 수소 원자는 양성자가 중심이 되어 양전하를 띠게 되고, 산소는 전자를 얻게 되어 음전하를 띠게 된다. 서로 다른 물 분자에 있는 수소와 산소는 서로를 끌어당겨 분자들 사이에 강한 인력이 작용하게 된다. 이런 결합 방식이 바로 수소결합이다.

수소라는 세상에서 가장 작은 원자 덕분에 물은 상온에서 액체 상태로 존재할 수 있고 100도에서 끓는다. 물은 수소결합의 가장 대표적인 예지만, 수소결합을 하는 유일한 물질은 아니다. 수소 원자를 품고 있는 다양한 물질이 수소결합을 할 수 있다. 게다가 생각보다 과정도 복잡하다. 의외로 많은 생물학적·화학적 현상이 이 수소결합에 빚지고 있다.

뜨거운 물체는
빛이 난다

캐모마일차를 들고 서재에 들어가 책상 위 스탠드를 켜니 따뜻한 색감의 빛이 책상을 밝혀준다. 어렸을 때부터 내 책상 위에는 항상 세모난 갓을 쓴 백열전구 스탠드가 있었다. 그래서 특별히 독일에서도 '내돈내산'으로 사무실 책상 위에 백열전구 스탠드를 설치해 놓았다. 사실 백열전구는 에너지 효율이 매우 낮아서 요즘 트렌드에는 맞지 않을지 모른다. 그래도 항상 내 마음을 편안하게 해주었기 때문에 나는 여전히 백열전구를 애용한다.

어릴 때는 공부하다가 심심하면 손을 뻗어 백열전구의 열기를 느껴보기도 했다. 그래서인지 나는 빛이 나는 물체는 마땅히 뜨거워야 한다고 생각한다. 아니, 이 문장을 거꾸로 읽어야 더 정확할 것 같다. '뜨거운 물체는 빛이 난다.'

뜨거운 물체에서 빛이 나는 현상을 물리학에서는 '흑체복사'라고 한다. 나는 어렸을 때 밥을 먹으면 종종 체했다. 그때마다 어머니가 바늘로 손을 따주셨는데, 손을 따기 전 나름의 소독을 위해 라이터로 바늘을 달구셨다. 달구어진 바늘 끝은 붉게 빛났다. 지금 생각해 보니 흑체복사 때문이었다.

유리공예를 할 때 뜨겁게 달군 유리에서 빛이 나는 것, 빵을 구울 때 토스터 안에 있는 열선이 붉게 빛나는 것 모두 같은 원리다. 흑체복사라는 말은 어려워 보이지만 사실 우리 주위에서 쉽게 접할 수 있는 물리 현상이다. 동시에 지금의 양자역학을 등장시킨 현상이기도 하다. 1900년 독일의 물리학자인 막스 플랑크Max Planck가 온도에 따라 달라지는 빛의 밝기와 색을 설명하기 위한 공식을 유도하는 과정에서 양자역학이 탄생했기 때문이다.

흑체복사가 발생하면 넓은 범위의 파장을 가진 빛이 만들어진다. 플랑크가 양자역학을 도입하여 유도한 공식에 따르면 물체는 뜨거울수록 밝게 빛나고, 그 빛을 구성하는 파장은 짧아진다. 우리가 눈으로 볼 수 있는 가시광선 중 빨간색 빛이 가장 긴 파장을 가지고, 보라색 빛이 가장 짧은 파장을 가진다. 그래서 뜨거울수록 빛의 파장이 짧아진다는 것은 빛의 스펙트럼이 붉은색에서 푸른색으로 옮겨간다는 의미다.

예를 들어 1500도로 유지되는 용광로에서 처음 꺼내는 유리를 보면, 유리는 노란색에 가까운 색으로 밝게 빛나다가 시간이 지나며 식으면서 어두운 빨간색을 내고, 완전히 식은 후에는 전혀 빛나지 않는다. 온도가 낮아지면서 빛의 파장이 점점 길어지는 대신 빛의 밝기는 약해지기 때문이다.

그렇다면 물체는 낮은 온도에서 전혀 빛을 낼 수 없는 것일까? 그렇지는 않다. 다만 발하는 빛의 세기가 너무 약하고, 그만큼 파장이 길어서 우리가 볼 수 있는 가시광선 영역을 벗어났을 뿐이다.

사람의 체온 정도 되는 온도에서는 물체에서 적외선 영역의 빛이 나온다. 즉 아무리 어두워도 우리 몸은 적외선 영역에서 빛나고 있다. 그렇기에 적외선카메라를 사용하면 밤에도 사람을 확인할 수 있다. 비접촉식 체온계도 우리 몸의 적외선을 활용한다. 체온이 높아질수록 몸은 더 많은 적외선을 발산하는데, 이 차이를 이용해서 체온계를 몸에 대지 않아도 체온을 잰다.

지금 내 책상 위 스탠드에서 빛나고 있는 이 백열전구도 흑체복사를 이용해서 빛을 낸다. 백열전구 안을 들여다보면 금속으로 만들어진 전선이 들어 있다. 이 전선을 '필라멘트 filament'라고 한다. 필라멘트에 전기를 흘리면 열이 발생하고, 필라멘트의 온도가 2000도 이상으로 올라간다. 상상하기 어려울 정도로 높은 온도지만, 이렇게 높지 않다면 따뜻한 느낌이 도는 노란색 빛 대신 빨간색 빛이 날 것이다. 그렇게 밝지 않을 것이기 때문에 필라멘트는 반드시 높은 온도로 유지되어야 한다.

빛이 나는 필라멘트 주위를 감싸고 있는 유리 안에는 질소나 아르곤Ar 같은 불활성기체가 담겨 있다. 공기 중에서 필라멘트를 2000도 넘는 온도로 가열하면 산소와 반응해 타버

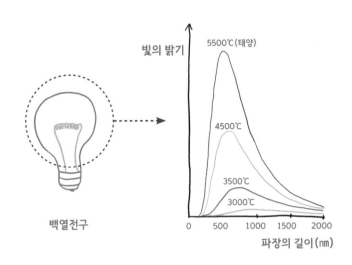

| 그림 10 |

리는데, 이를 방지하기 위해서다.

백열전구가 기분 좋게 느껴지는 이유는 따뜻한 색을 내기 때문이라는 점도 있겠지만, 어쩌면 태양이 빛을 발하는 원리와 같기 때문일지도 모른다. 사실 우리 주변에서 쉽게 접할 수 있는 가장 뜨거운 흑체복사의 대표적인 예가 바로 태양이다. [그림 10]에서처럼 태양의 온도는 5500도 정도 된다. 그래서 태양은 가시광선 영역뿐 아니라 파장의 길이가 그보다 더 짧은 자외선 영역의 빛까지 내뿜는다. 그 덕분에 우리는 언제나 밝고 따뜻한 태양광을 누릴 수 있지만, 동시에 아주 적은 양의 자외선을 같이 쬐게 되었다.

백열전구를 켜고 글을 쓰다 보니 시간이 많이 늦어졌다. 글을 쓸 때는 왜 이렇게 시간이 빨리 가는 것인지, 신기한 일이다. 이제 나도 잠자리에 들어야겠다. 밝게 빛나던 스탠드의 스위치를 내려 빛을 끄니 필라멘트의 온도가 내려가며 붉은색 빛을 보이다 이내 완전히 어두워졌다. 하지만 그렇다고 해서 흑체복사가 사라진 것은 아니다. 빛의 파장이 길어져서 우리 눈에 보이지 않는 가시광선 영역 밖의 빛을 내고 있을 뿐이다. 미지근해진 백열전구처럼 오늘 밤하늘에 뜬 별들도, 차갑게 느껴지는 방 안의 물체들도 모두 양자역학으로만 설명할 수 있는 나름의 빛을 발하고 있다.

| 출장 1 |

영국에서 열린
봄날의 학회

_원자핵, 액화 기술

좁은 비행기 좌석에서 잠시 눈을 붙였더니 금방 영국 히스로공항에 도착했다. 슈투트가르트에서 두 시간도 걸리지 않는 비행이어서 그런지 비행기가 뜨자마자 다시 착륙한 기분이다. 혹시 비행기가 너무 빠르게 나는 바람에 특수상대성이론에 따른 시간 왜곡 현상이 일어난 것은 아닐까? (물론 너무 피곤해서 잠에 든 시간이 짧게 느껴지는 것이겠지만.) 도착한 히스로공항은 생각보다 깔끔하다. 알랭 드 보통의 책『여행의 기술』에서는 히스로공항이 유럽에서 가장 붐비는 공항이라고 하던데, 올 때마다 느끼지만 다른 공항에 비해 특별히 더 정신없는 것 같지는 않다. 짐을 챙겨 나오니 명료하지만 조금은 젠체하는 영국 영어가 들려온다. 이 억양을 들으니 비로소 영국에 도착했다는 생각이 든다.

4.3 옹스트롬의 크기

　영국에 온 것이 이번이 처음은 아니다. 몇 년 전 '해리 포터 시리즈'의 팬인 아내와 함께 여행 겸 오기도 했다. 당연히 그때의 목적지는 조앤 K. 롤링Joan K. Rowling이 글을 썼던 스코틀랜드의 수도 에든버러였다. 그리고 최근에는 실험을 위해 런던 북서쪽에 있는 옥스퍼드 근처 디드코트라는 곳에도 왔었다. 디드코트는 초원이 많은 외딴 시골 동네지만, 러더퍼드애플턴연구소라는 거대한 연구단지가 있다.

　보통 거대 연구시설들은 외딴곳에 만들어놓는 것이 정석이다. 주변 이웃들이 혹시라도 사고가 발생할까 봐 무서워하기도 하고, 사람이 많으면 주변 소음이나 진동으로 인해 실험에 지장이 생기기도 하기 때문이다. 게다가 땅값이 금값인 런던 시내에 85만 평이나 되는 연구단지를 지으려면 재정적 문제도 있을 것이고, 공간도 충분하지 않을 것이다. 내가 일하고 있는 막스플랑크연구소도 화학약품, 금속, 고열·고압, 초정밀 측정 등의 이유로 넓은 초원 한가운데에 자리 잡고 있다. 면접을 보기 위해 처음 갔을 때, 한 정거장을 잘못 내렸을 뿐인데 양들이 풀을 뜯는 초원을 따라 한없이 걸어 내려와야 했던 기억이 난다.

　사실 물리학자들 사이에서 러더퍼드애플턴연구소는 다른

이유로도 유명하다. 연구소에서는 소시지와 베이컨, 베이크드빈으로 가득한 영국식 아침을 제공한다. 뷔페식이라 전에 왔을 때도 매일 마음껏 아침 식사를 배 터지게 했다. 하지만 점심과 저녁은 매우 맛이 없다는 사실을 주의해야 한다.

연구소명에 들어간 '러더퍼드'는 어니스트 러더퍼드Ernest Rutherford라는, 영국에서 활동하던 물리학자의 이름이다. 그는 원자 가운데에 단단한 원자핵이 있다는 사실을 세계 최초로 밝혀내 노벨화학상을 받았다. 보통 '핵'이라는 말을 들으면 핵폭탄, 핵발전 등 무시무시한 단어들을 떠올리지만, 사실 모든 원자는 원자핵과 그 주위를 도는 전자로 이루어져 있다. 모든 물질이 다 그렇다. 우리 몸도 예외는 아니다. 핵이 없는 원자는 단팥 없는 단팥빵이나 마찬가지다. 수많은 원자 중 핵폭발을 일으킬 수 있는 원자는 극히 일부니 미리 무서워할 필요는 없다. 핵을 탓하면 안 된다. 이 핵을 이용해서 무기를 만들겠다고 생각하는 사람이 무서운 것이지.

아무튼 러더퍼드는 원자의 구조를 알아내기 위해 특이한 방법을 썼다. 현미경으로 아무리 확대해 본다 한들 원자를 눈으로 볼 수는 없기에 그는 간접적인 방법을 써야 했다. 말하자면 상자 안에 들어 있는 물체의 구조를 알아내기 위해 상자를 향해 기관총을 쏜 것이다. 그는 기관총에서 나온 총알이 상자 안에 있는 물체를 맞고 굴절되어 뒤쪽에 도달하면 이 굴절된 패턴을 분석해 물체의 구조를 역으로 추적할 수 있다는 점을 활용했다.

러더퍼드는 총알 대신 '알파입자'라고 하는 무거운 입자를 뒤쪽의 얇은 막에 쏘았다. 이 막은 솜사탕처럼 밀도가 낮다고 알려진 금 원자로 만든 것이다. 이런 상황에서는 알파입자가 원자를 뚫고 살짝 굴절되어야 정상이지만, 몇몇 알파입자는 완전히 반대쪽으로 튕겨 나왔다. 이 원자 안에 알파입자보다 더 무겁고 단단한 무언가가 있는 것이 분명했다. 이 실험 결과를 바탕으로 그는 원자 중심에 아주 무겁고 단단한 핵이 있다는 사실을 밝혀냈다. 그리고 우리가 보통 '원자' 하면 떠올리는, 중심에 둥근 원자핵이 있고 그 주위를 전자가 돌고 있는 형태의 원자 모형도 구상해 냈다.

[그림 11]에서 원자 한가운데에 마치 복숭아 씨앗처럼 크게 자리 잡은 것이 바로 원자핵이다. 독일어에서 '원자핵'을 뜻하는 단어와 '과일 씨'를 뜻하는 단어가 '케른Kern'으로 같은 것은 우연이 아니다. 이 원자핵 주변을 전자가 돌아다닌다. 양자역학에 따르면 전자가 원자핵 주변을 '도는' 러더퍼드의 모형은 틀렸다. 그래도 나는 이 직관적인 모형이 가장 좋다. 오늘의 실험을 위해 방문한 러더퍼드애플턴연구소의 연구시

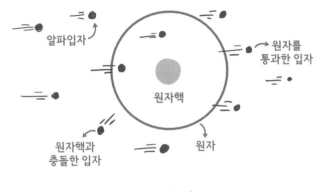

| 그림 11 |

설은 '중성자 빔'을 만들 수 있는 대규모 실험 장비가 있는 곳
이다. 중성자는 양성자와 함께 원자핵을 이루는 입자 중 하
나다.

이 시설의 실험 장비는 러더퍼드가 그랬던 것처럼 가속시
킨 양성자를 마치 총처럼 쏘아 금속 과녁을 맞혀서 중성자
빔을 만든다. 이때 금속 과녁은 보통 텅스텐W이라는 아주 무
거운 원소로 이루어져 있는데, 집을 지을 때 사용하는 빨간
벽돌만 한 크기다. 빠르게 날아가는 양성자 총알이 텅스텐
과녁을 맞히는 순간 중성자가 튀어나온다. 그러면 나 같은
과학자들이 튀어나온 중성자를 통해 물질의 구조나 자기적
성질을 연구하는 것이다.

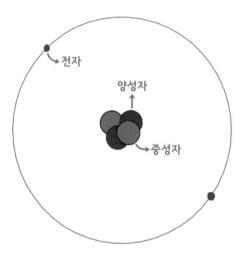

전자

양성자

중성자

헬륨 원자핵 속 양성자와 중성자

| 그림 12 |

[그림 12]는 헬륨He이라는 원소의 원자핵이다. 헬륨은 두 번째로 가벼운 원소로, 수소 다음으로 가볍다. 둥둥 뜨는 풍선을 채우는 용도로 많이 접했을 것이다. 헬륨의 원자핵에는 중성자와 양성자가 각각 두 개씩 있다. 반면 세상에서 가장 가벼운 원소인 수소는 원자핵 안에 한 개의 양성자만 있다. 그렇다. 원소가 무거워질수록 원자핵을 구성하는 중성자와 양성자의 수도 늘어난다.

그림으로는 크게 보이지만, 사실 중성자 크기는 10^{15}분의

1미터밖에 되지 않는다. 숫자로 표현하면 소수점 아래로 0이 엄청 많이 붙는다. 하지만 매일 전자와 원자를 붙잡고 씨름하다 보니 나는 중성자가 그렇게 작다고 느껴지지 않는다. 전자에 비하면 중성자는 코끼리만큼 거대한 녀석이다.

중성자가 이렇게 보이지 않을 정도로 작은 이유는 그저 크기가 작기 때문만이 아니다. 중성자를 설명하기에 미터라는 단위가 너무 큰 단위인 것이다. 내 몸무게도 킬로그램으로 보면 100 가까이 되지만, 톤으로 보면 0.1도 되지 않는다. 또 키를 미터가 아닌 킬로미터로 측정하면 0.002 미만이 된다. 신체를 잴 때 톤이나 킬로미터를 사용하지 않듯이 물질을 연구하는 물리학자들이 미터를 사용할 일은 거의 없다. 미터는 너무 큰 단위다. 대신 '옹스트롬(Å)'이라는 단위를 쓴다. 내가 다루는 물질들은 대부분 3~4옹스트롬 사이의 크기인데, 얼마 전 실험실에서 논문을 읽다가 "4.3옹스트롬은 너무 크잖아!"라고 나도 모르게 소리치고 말았다.

잠시 이야기가 딴 데로 샜다. 이번 출장은 실험 때문이 아니다. 학회에 참석하기 위함이다. 그래서 시골 마을이 아닌 런던 시내로 가는 것은 나도 이번이 처음이다. 원자핵이나 중성자 생각은 이제 그만하고, 목적지를 향해 가는 것에 집중해야 한다. 이번에 학회가 열리는 장소는 임페리얼칼리지라는 대학이다. 대영제국의 대학이라니. 런던 중심에 있는 명문대라 그런지 이름부터 벌써 멋지다. 임페리얼칼리지는 영국 왕실의 공원인 하이드파크 남쪽에 바로 있다. 봄에 열리는 학회는 조금 풀린 듯한 날씨와 살랑 부는 봄바람 때문인지 때때로 가는 길이 즐겁다. 구글 지도를 켜고 경로를 검색해 보니 지하철 피카딜리선을 타고 가면 되는 것 같다.

제임스 듀어의
액화 기술

사우스켄싱턴역에 내리니 멋진 건물들이 도로 양쪽을 따라 늘어서 있다. 학회장에 가기 전 하이드파크 동쪽에 있는 영국왕립학술원을 구경하고 싶어 조금 서둘렀다. 영국의 금융 중심지인 런던에서도 부촌이라고 알려진 동네라서 그런지 건물들이 하나같이 웅장하고 깔끔하다. 백조들이 노니는 하이드파크를 가로질러 학술원에 도착했다.

고대 그리스풍 기둥이 세워진 웅장하고 하얀 건물. 왕립학술원에는 유서 깊은 전통을 가진 대중 강연 강좌가 있다. 1825년부터 시작해 지금도 진행하는 '금요강좌'가 바로 그것이다. 이강좌를 통해 역사적으로 중요한 강연들이 많이 올랐다. 전기와 자기磁氣의 차이를 밝힌 마이클 패러데이Michael Faraday, 전자기학을 정립한 제임스 클러크 맥스웰James Clerk Maxwell, 전자의 존재를 밝혀 노벨물리학상을 수상한 조지프 존 톰슨Joseph John Thomson 등 물리학 교과서에 실릴 정도로 엄청난 역사적 발견을 한 물리학자들이 바로 왕립학술원에서 강연했다. 그중에 제임스 듀어James Dewar라는 물리학자가 있다.

1904년 듀어는 이곳에서 기체 상태의 수소를 액체 상태로 바꾸는 실험을 시연했다. 도대체 기체를 액화시키는 것이 무엇이 어렵냐고 생각할지도 모르겠다. 그 기체가 수증기라면 쉬운 일이 맞다. 우리도 집에서 액화 현상과 기화 현상을 충분히 시연할 수 있다. 찻물을 끓일 때 100도가 된 물은 수증기가 된다. 반대로 100도 이하가 되면 수증기는 다시 물로 변한다. 그래서 컵에 차가운 음료를 담아놓으면 액화된 수증기가 컵 표면에 물방울의 형태로 맺히는 것을 볼 수 있다.

하지만 수증기가 아닌 다른 기체라면 액화의 난도가 달라진다. 듀어가 연구하던 당시에는 수많은 과학자가 세상의 모든 기체를 액화시키는 것을 목표로 연구에 매달렸는데, 기체의 질량이 가벼울수록 더 낮은 온도가 필요했다. 수소는 세상에서 가장 가벼운 기체였고, 액체로 바꾸려면 영하 253도로 온도를 낮추어야 했기 때문에 당시 기술로는 어려웠다.

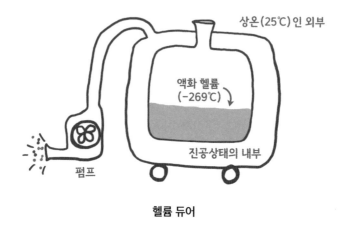

상온(25℃)인 외부

액화 헬륨
(-269℃)

진공상태의 내부

펌프

헬륨 듀어

| 그림 13 |

그러나 듀어는 세계 최초로 수소를 액화시키는 데 성공한다.

듀어는 먼저 벽이 이중유리로 된 병을 만들었다. 그다음 [그림 13]에서처럼 벽과 벽 사이의 공기를 뽑아내 진공상태를 만들어 외부와 병 내부의 열교환을 완벽하게 차단했다. 그 덕분에 병 안에 액화 수소와 액화 헬륨 등 극저온의 물질들도 보관할 수 있게 되었다. 듀어의 단열 기술을 기리기 위해 물리학자들은 영하 269도의 액화 헬륨을 보관하는 장치를 '헬륨 듀어'라고 부른다.

듀어의 연구 과정에서 발견된 또 다른 중요한 기술이 바로 단열이다. 병 안의 단열이 잘되지 않으면 외부의 열로 인해 기체의 온도를 낮출 수 없다. 기껏 기체를 액화시키더라도 금방 온도가 올라가 다시 사라져 버릴 것이다. 듀어의 이 기술을 이용해 지금 우리가 따뜻한 음료를 담아 마실 수 있는 보온병이 발명되었다.

왜 이런 쓸데없는 일들을 군이 연구하는지 묻는다면 많은 물리학자의 일이 한낱 취미로 전락해 버릴 것이다. 응용이라는 측면에서 보면, 듀어의 실험을 통해 냉동 기술의 많은 부분이 발전하게 되었다. 이런 과정을 통해 만들어진 기술로 우리는 지금 보온병뿐 아니라 냉장고도 사용하고 있으며, 계절에 상관없이 언제나 차가운 음료도 마실 수 있다.

학술원을 구경하다 보니 시간이 많이 지났다. 늦기 전에 학회장으로 가야겠다. 이번 봄에 열린 학회에서는 양자 물질의 성질을 논할 것이다. 물리학에서 온도를 낮추는 일이 중요한 또 다른 이유는 온도가 낮을 때 양자역학적 현상이 많이 일어나기 때문이다. 내가 연구하는 초전도 현상도 낮은 온도 덕분에 발견할 수 있었다. 나는 이번 학회에서 낮은 온도에서 발견한 초전도체의 새로운 성질에 대해 발표할 예정이다. 원래는 긴장하는 편이 아닌데, 이번에는 조금 긴장된다. 저명한 물리학자들이 거쳐 간 왕립학술원을 보고 온 탓일까?

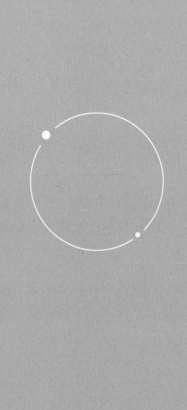

2

여름

Summer

○

나는 여름과 애증 관계다.

거의 해가 나지 않는 독일의 겨울과 봄을 견디고 나면

해를 만끽할 수 있는 여름이 반갑다가도

에어컨이 돌지 않는 후텁지근한 사무실에 앉아 있으면

여름이 미워진다. 태양의 뜨거운 시선을 받는 여름에는

자연스럽게 실험실에서 더 많은 시간을 보내게 된다.

실험실 안은 항상 온도가 일정해 이보다 좋은 피서지도 없다.

그렇게 다시 또 여름을 불평하다가도

독일의 공공 실외 수영장인 '프라이바트Freibad'에서

찬란한 햇빛 아래 헤엄을 칠 때면 여름을 사랑하지 않을 수가 없다.

숯불을 피워 소시지와 고기를 구우며 시간 가는 줄 모르고

늦게까지 떠들다 보면 어느덧 해가 진다.

미우나 고우나 내가 가장 사랑하는 이곳의 여름이다.

땡볕 아래
한낮의
사무실

_증발, 열교환, 복사열, 퀀텀점프

평소처럼 출근 후 책상에 앉아 논문을 읽는데, 도저히 집중이 되지 않는다. 사무실이 너무 더워 가만히 있어도 이마에 땀이 송글송글 맺힐 정도다. 독일은 한국보다 북쪽에 있어서 한국보다 덜 덥다고 생각할 수 있겠지만, 내가 살고 있는 슈투트가르트는 남부 지역이라 독일에서도 유난히 덥다. 2003년의 여름이 가장 무더웠는데, 당시 37도까지 기온이 오르기도 했다. 물론 열대야와 40도 가까이 오르는 폭염이 여름의 연례행사가 된 한국에 비하면 귀여운(?) 수준이지만, 독일의 여름이 더 힘들게 느껴지는 데는 이유가 있다. 독일의 여름은 무더위가 길지 않고 상대적으로 습도가 낮아 에어컨을 설치해 놓은 곳을 찾기가 어렵다. 지금 내가 일하는 이 연구소만 해도 복도와 실험실에만 에어컨이 설치되어 있지, 개

인 사무실에는 에어컨이 없다. 그러니 온도를 낮출 방법은
각자 찾아야 할 수밖에.

걸어 다니는   ●
실험 장비

　사무실 온도를 낮추기 전에 체온에 숨겨진 물리학의 비밀
을 알아야 한다. 나는 물리학자여서 몸속에서 일어나는 일을
다루는 생리학이나 의학은 잘 모른다. 그러니 몸속에서 일어
나는 일이 아닌 몸 밖에서 일어나는 일을 살펴보자.

　물리학적으로 사람의 신체는 온도를 일정하게 유지해야
하는 하나의 실험 장비와도 같다. 실제로 거대 실험 장비들
또한 그 안의 부품들이 잘 작동하기 위해 필요한 적정 온도가
있다. 작동하는 중에 온도가 변하면 실험 결과뿐 아니라 장비
의 수명에도 영향을 미친다. 일정한 온도로 유지하는 일이 중
요한 만큼 연구소의 에너지 또한 대부분 에어컨으로 실험실
온도가 변함이 없도록 관리하는 데 쓰인다. 기계도 이런데 기
계보다 더 복잡한 인간의 신체에서 항온 기능은 얼마나 중요
하겠는가.

　우리 몸속에는 육체 활동과 정신 활동을 위한 장기라는 여

러 부품이 있다. 36.5도라는 체온은 이 장기들이 조화롭게 작동하기 위한 최적의 온도다. 우리가 살아 숨 쉬는 한 이 장기들은 끊임없이 작동할 것이다. 아니, 그 반대가 더 정확하겠다. 장기들이 끊임없이 작동해야 우리가 살아 숨 쉴 수 있다.

36.5도를 유지하기 위해 우리 몸 밖에서는 세 가지 과정이 경쟁하듯 이루어진다. [그림 14]에서 가운데 원을 (놀랍게도) 인간의 신체라고 한다면 이를 둘러싸고 발생하는 몸 밖의 첫 번째 과정은 바로 주변 공기와의 열교환이다. 물리학자의 눈으로 본다면 사람의 신체는 온도가 일정하게 유지되는 아

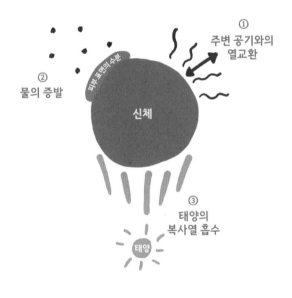

| 그림 14 |

주 이상적인 물체다. 몸속에서 생리학적 과정을 통해 36.5도로 체온을 유지하는 덕분이다. 아주 무더운 여름이 아니라면 대부분의 사람은 주변 공기보다 온도가 높아 따뜻한 상태다. 기온이 40도에 육박하지 않는 이상 신체는 주변의 공기에 조금씩 열을 빼앗기게 된다. 신체라는 고체와 공기라는 기체 사이의 열교환은 기체 분자의 움직임으로 매개된다.

컴퓨터나 다른 실험 장비들도 공기로 열을 식혀야 하는 경우가 많다. 이를 '공랭식 냉각'이라고 하는데, 사실 그렇게 효율적인 방식은 아니다. 기체 안에 분자 수가 적기 때문이다. 얼마 없는 분자로 열교환을 매개하려니 당연히 비효율적일 수밖에 없다. 게다가 공랭식 냉각 방식에서의 열교환은 고체와 기체 사이의 온도 차가 클수록 잘 일어나는데, 여름에는 체온과 기온의 차이가 적어서 열교환이 원활하게 이루어지지 않는다.

두 번째 과정은 신체 표면에서 발생하는 물의 증발이다. 증발은 액체 표면의 분자가 탈출하는 현상으로, 구리 원자층을 쌓는 실험을 할 때도 이 현상을 활용했었다. 신체 표면에 있던 물 분자가 우연히 다른 분자와 충돌하면, 함께 결합되어 있던 다른 물 분자의 에너지를 빼앗아 속도가 빨라지게 된다. 그러면 신체 표면에서의 결합을 끊고 밖으로 날아갈 수 있다. 표면에 남아 있는 물 분자는 공기 중으로 도망간 물 분자에게 에너지를 빼앗겼기 때문에 온도가 낮아진다. 우리가 인지하지 못하고 있을 뿐 이런 증발 현상은 신체 표면에서 계속 일어나고 있다. 피부는 거의 항상 일정한 양의 수분으로 덮여 있기 때문이다. 단지 기온이 높아질수록 땀이 더 많이 나서 증발 현상이 더 많이 발생할 뿐이다.

지금까지 살펴본 두 가지 과정이 온도를 낮추는 데 반해 마지막으로 알아볼 세 번째 과정은 오히려 온도를 올린다. 바로 햇빛으로부터 받는 복사열 흡수다. 다들 알다시피 태양은 아주 뜨거운 가스 덩어리다. 높은 온도에서 발생하는 흑체복사 현상 때문에 태양은 가시광선을 중심으로 자외선과 적외선을 포함한 아주 넓은 파장대의 빛을 지구로 내뿜는다. 이 빛은 고체를 투과하거나 흡수되거나 표면에 튕겨 반사되는데, 유리를 제외하고는 우리 주변의 물체가 대부분 불투명하여 빛이 통과하기 어렵다. 그래서 태양의 빛은 물체들에 거의 흡수되거나 반사된다. 흡수된 빛의 경우 열에너지로 전환되어 물체의 온도를 올리는데, 신체도 마찬가지다.

우리가 여름을 최대한 시원하게 나기 위해 취하는 방법들은 이 세 가지 과정을 활용한 것들이다. 온도를 낮출 수 있는 열교환과 증발 과정이 더 잘 일어날 수 있도록 해야 하고, 복사열 흡수 과정은 저지해 온도가 더 오르지 않도록 해야 한다.

지금 내가 가장 쉽고 빠르게 할 수 있는 방법은 자리에서 일어나 사무실 문을 여는 것이다. 내 사무실에는 에어컨이 없지만, 사무실과 연결된 복도에는 에어컨이 있어 쾌적한 온도로 유지되고 있다. 그러니 문을 열면 복도와 사무실의 공기가 섞여 사무실 안의 온도를 어느 정도 내릴 수 있을 것이다. 또 주변 공기의 온도를 낮춤으로써 열교환 과정이 더 효율적으로 일어나게 할 수 있다. 문을 열고 조금 기다리니, 주변 공기의 온도가 조금씩 낮아지는 것이 느껴진다.

최고 기온이 30도 아래였던 날, 즉 아주 덥지 않았던 때는 이렇게 사무실 문을 열기만 해도 충분히 시원했다. 하지만 오늘은 아니다. 일기예보에서 오늘 최고 기온이 35도가 넘는다고 했다. 그러니 이 정도 방법으로 더위를 식히기에는 역부족이다. 문을 열기 전보다 온도가 낮아지기는 했지만, 여전히 나는 논문에 집중할 수가 없다.

이럴 때는 선풍기를 틀어야 한다. 구석에 놓여 있던 선풍기를 문 앞으로 옮겨 작동시켰다. 사실 선풍기를 틀어 체온을 낮추는 것에도 굉장한 물리학적 과정이 숨어 있다. 선풍기를 틀어 사무실 안에 바람을 일으키면 공기의 순환이 활발해져 복도의 시원한 바람이 사무실로 더 잘 들어오게 되며, 신체와 주변 공기의 열교환도 더 효율적으로 일어난다. 온도가 높아지면 체온을 빼앗은 신체 주변의 공기들은 체온과의 온도 차도 더 적어져 열교환 과정이 비효율적으로 이루어진다. 그러나 바람이 불면 온도가 높아진 주변 공기들을 밀어내고 신체 주변에 온도가 낮은 공기들을 새롭게 공급할 수 있게 된다. 이렇게 계속 새로운 공기가 공급되면 신체와 공기 사이의 온도 차도 일정하게 유지되어 열교환 과정도 더 활발하게 잘 일어난다.

하지만 모두 잘 알듯 선풍기의 가장 큰 역할은 땀을 더 효과적으로 증발시켜 주는 것이다. 신체 주변의 공기는 온도도 높지만, 수증기 함량도 높은 상태다. 선풍기의 바람은 주변 공기를 밀어낼 때 수증기를 함께 밀어내면서 땀도 더 잘 증발할 수 있게 한다. 선풍기를 트니 이제야 몸이 식는 기분이다. 지나친 과장 같기도 하지만, 바람이 내 신체 주변의 습기와 열을 빼앗아 가는 것이 느껴진다. 다시 논문 읽는 데 집중하기 위해 나는 모니터를 쳐다보았다.

온도를 올리는 각도 ●

서너 시간 정도 지났을까. 사무실 안이 다시 더워지기 시작했다. 분명 선풍기를 튼 직후에는 시원했는데 다시 덥다.

왜 그럴까? 복도의 습도와 온도는 일정하게 유지되고 있을 테니 문제 될 것도 없는데 말이다. 오전에 식었던 땀이 다시 맺히기 시작하는 모습을 보면 나도 모르게 일을 하기 싫어서 덥다는 핑계를 만든 것도 아니다. 컴퓨터도 냉각기가 잘 돌아가야 잘 작동하듯 머리를 쓸 때도 온도가 조금은 낮아야 한다. 너무 더우면 지금처럼 오래 집중할 수 없어 복잡한 일을 처리하기도 어려워진다.

연구소를 외부와 완전히 차단된 공간으로 본다면 다시 시작된 이 더위를 해결할 수 없다. 에어컨이 고장 난 것이 아닌 이상 온도를 바꿀 수 있는 내부 요인이 없기 때문이다. 그러니 외부 요인을 생각해야 한다. 내 사무실 한쪽 벽면은 커다란 유리창이다. 물질은 통과할 수 없으나 빛은 자유롭게 들어올 수 있다. 앞에서 살펴본 세 가지 과정 중 우리는 한 가지 과정을 빼먹었다. 태양의 복사열 흡수 과정이다. 아무래도 유리창을 뚫고 들어와 내 왼쪽 뺨을 때리는 이 햇빛이 다시 시작된 더위의 원인인 것 같다.

햇빛은 대부분의 물체에 흡수되어 물체의 온도를 올린다. 몸에 직접 닿아 체온을 올리는 것은 물론이고 사무실 안의 다른 물건들에도 흡수되어 온도를 올리고 있다. 지금 내가 쓰는 사무실은 햇빛이 아주 잘 드는 남향이다. 당연히 창이

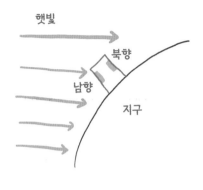

| 그림 15-1 |

남쪽을 보고 있다. 한국에서 월세 집을 찾으러 다닐 때는 집이 남향인 것이 중요했다. 그래서 연구소에서 처음 사무실을 배정받았을 때 남향이라고 기뻐했는데, 여름이 되자 이렇게 배신할 줄이야.

[그림 15-1]에서처럼 창이 난 방향에 따라 우리가 하루 동안 실내에서 햇빛을 받을 수 있는 시간이 달라진다. 집이 남향이라면 해가 떠 있는 거의 모든 시간에 햇빛을 받을 수 있고, 북향이라면 햇빛을 받을 수 있는 시간이 거의 없다고 보아도 무방하다.

하지만 오해는 하지 마시라. 집이 북향이라고 해서 완전히 어둠 속에서 살아야 한다는 의미는 아니다. '해가 든다'는 말은 물리학적으로 보면 태양에서 직선으로 뻗어 나오는 직

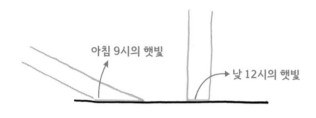

| 그림 15-2 |

사광선을 받는다는 뜻이다. 우주 안에서 직진하던 태양광은 지구 대기권으로 진입하면서 여러 장애물을 만나게 된다. 공기, 나무, 땅, 건물 벽 등 여러 곳에 부딪혀 반사되고 여기저기로 흩어진다. 그러니 태양의 직사광선을 받지 못해도, 날씨가 흐려 해가 보이지 않는다고 해도 우리 곁에 햇빛은 여전히 존재한다.

한낮에 햇볕이 더욱 뜨거워지는 이유 또한 태양의 온도가 그 시간에 특별히 더 올라가기 때문은 아니다. 태양계 대장이 기껏해야 작은 행성인 지구의 자전 주기에 맞추어 자신의 온도를 친히 바꾸어줄 일은 없다. 단지 지표면에 있는 우리에게 도달하는 햇빛의 각도가 달라졌기 때문이다.

[그림 15-2]를 보면 아침 9시에는 태양이 동쪽에서 떠오르기 시작하므로 햇빛 또한 수직보다 낮은 각도로 땅에 내리쬐게 된다. 이렇게 낮은 각도의 빛은 길게 펴 발라지듯 도달하여

닿는 영역도 넓다. 영역이 넓은 만큼 에너지가 분산되니 햇빛의 세기 또한 상대적으로 약할 수밖에 없다. 반면 낮 12시는 태양이 가장 높이 떠오르는 시간이다. 따라서 땅에 내리쬐는 햇빛 또한 수직에 가까운 각도로 꽂힌다. 높은 각도의 빛은 낮은 각도일 때보다 도달 영역이 좁다. 그만큼 에너지가 집중되어 햇빛의 세기 또한 더 뜨겁게 느껴진다.

오전에는 문을 열고 선풍기를 트는 것만으로도 괜찮아졌던 사무실이 오후에 다시 견딜 수 없이 더워진 이유는 바로 태양의 위치와 햇빛의 각도 때문이었다. 더위의 원인을 알았으니 해결책은 간단하다. 사무실로 들어오는 햇빛을 막으면 된다.

독일에는 한국에서는 보기 어려운 신문물이 있다. 롤라덴이라는 회사에서 만드는 전동 블라인드다(흔히 브랜드명 그대로 '롤라덴'이라고 부른다). 한국에서는 보통 햇빛을 막기 위해 천으로 만든 블라인드를 창문 안쪽에 설치하지만, 이 전동 블라인드는 대부분 두꺼운 플라스틱이나 금속으로 만들어져 있고 창문 바깥에 설치한다. 두꺼운 전동 블라인드는 햇빛을 완전히 차단할 뿐 아니라 창밖에 있기 때문에 흡수한 태양의 복사열을 집 밖으로 내보낸다. 그 덕분에 복사열 흡수 과정까지 효율적으로 저지할 수 있다.

전동 블라인드를 내리니 암막 커튼을 친 것처럼 사무실이 완전히 어두워졌지만, 몇 분 지나지 않아서 금방 온도가 내려가기 시작했다. 한국에 있을 때는 왜 이 방법을 생각하지 못했는지 모르겠다. 별다른 에너지를 들이지 않고도 여름 내내 온도를 낮출 수 있는 좋은 아이디어인데.

오늘도 전자는 점프한다 •

햇빛이 가려지니 사무실은 어둡고 침침한 골방 같은 곳이 되었다. 이런 곳에서 일을 계속할 수는 없으니 어쩔 수 없이 불을 켜야겠다. 사무실 책상에는 연구소와 역사를 함께한 것처럼 보이는 스탠드가 있다. 백열전구가 달린 이 스탠드 또한 내가 남다른 애정을 가진 물건이기는 하지만, 더워서 이런저런 조치를 하는 마당에 불덩이같이 뜨거워질 백열전구를 켠다는 것은 어불성설이다. 백열전구가 필라멘트를 2000도 이상의 온도로 뜨겁게 달구는 흑체복사 현상을 이용한다는 사실을 기억하는가? 이 과정에서 방출되는 빛은 백열전구로 공급되는 전기에너지의 2퍼센트에 불과하다. 전기에너지의 98퍼센트는 전부 열에너지로 빠져나간다. 백열전구의 빛은 사실상 백열전구라는 히터를 켜서 생기는 부산물인 셈이다.

내 사무실 조명은 형광등이다. 자리에서 일어나 문 옆에 있는 스위치를 누르니 천장 위 기다란 형광등이 두세 번 깜박이다 밝게 켜진다. 겉이 투명해서 안을 들여다볼 수 있는 백열전구와 달리 형광등은 안이 하얗게 칠해져 있어 그 안에서 무슨 일이 일어나는지 도통 알 수가 없다. 우리가 알 수 있는 것은 그저 스위치를 누르면 밝은 불이 들어온다는 사실뿐이다.

가끔 길을 걷다 보면 깨진 형광등이 가로수나 전봇대 혹은 도로 주변에 기대어 버려져 있을 때가 있다(폐형광등은 전용 수거함에 버려야 하지만 말이다). 이때 형광등 내부를 자세히 보면 텅 비어 있다. 형광등이 깨져 안이 텅 비기 전, 그 안은 기체 상태의 수은이 채워져 있었다. 바닥에 떨어뜨리면 동글동글 모여서 굴러다니는, 액체 같은 회색 금속 말이다. 형광등은 둥둥 떠다니는 수은 원자 속 전자의 '퀀텀점프quantum jump'를 이용해 빛을 낸다.

어니스트 러더퍼드 덕분에 우리는 이제 모든 원자가 중심의 원자핵과 그 주위 공간을 차지한 전자로 이루어져 있다는 사실을 알고 있다. 그런데 이때 원자 안에 묶여 있는 전자는 특별한 성질을 띠고 있다. 전자의 에너지는 양자화되어 있다. '에너지가 양자화되어 있다'는 말은 해당 에너지의 값이 연속적이지 않다(불연속적)는 의미다. 그래서 에너지 사이의 간격도 일정하지 않다. 에너지층이 높아질수록 이 간격은 더 좁아진다. 에너지가 양자화된 상황에서 전자가 할 수 있는 행동이라고는 낮은 에너지층과 높은 에너지층을 오르내리는 것밖에 없다. 그리고 이렇게 전자가 양자화된 에너지층 사이를 이동하는 것을 퀀텀점프라고 한다.

하지만 전자가 마냥 자유롭게 에너지층 사이를 오갈 수 있는 것은 아니다. [그림 16]처럼 높은 에너지층으로 올라가기 위해서는 부족한 에너지를 외부에서 공급받아야 하고, 낮은 에너지층으로 내려가기 위해서는 갖고 있던 에너지의 일부를 포기해야 한다. 이때 전자가 포기한 에너지가 빛으로 방출되는 것이다.

이제 다시 형광등을 살펴보면, 형광등 양 끝에 높은 전압이 걸리는 전극이 있음을 볼 수 있다. 이 전극은 전자를 빠른 속도로 형광등 내부로 쏘아 보내는 역할을 한다. 전극에서 나온

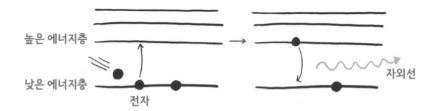

| 그림 16 |

전자는 수은 원자가 둥둥 떠다니는 형광등 안을 빠른 속도로 달리다 수은 원자와 부딪힌다. 그 충돌로 인해 수은 원자 안에 있던 전자에게 운동에너지가 일부 전달된다. 에너지를 얻게 된 전자는 자신이 있던 에너지층에서 높은 에너지층으로 올라갈 수 있게 된다. 하지만 이 전자는 곧 높은 에너지층에서 원래 있던 에너지층으로 떨어진다. 이때 두 에너지층의 에너지 차이에 해당하는 만큼 빛을 방출한다. 수은은 이렇게 빛이 방출되는 상황에서 185나노미터와 254나노미터, 두 가지 파장의 빛을 갖는다.

그런데 여기서 한 가지 이상한 점이 있다(여러분도 찾았으리라 믿어본다). 185나노미터와 254나노미터는 380~780나노미터의 가시광선 영역보다 파장이 짧은 자외선 영역의 파장이다. 그렇다면 수은의 빛은 우리 눈에도 보이지 않아야 하는데, 형광등은 어떻게 공간을 밝혀주는 것일까? 그 비밀은 형광등 내부에 발린 흰색 코팅에 있다. 이 코팅 재료는 형광물질인데, 형광물질은 흡수한 빛보다 더 긴 파장의 빛을 내는 성질이 있다. 즉 이 형광물질이 형광등 속 수은이 방출한 자외선 영역의 빛을 흡수하고, 그보다 긴 가시광선 영역의 빛을 내어 주변을 밝혀주는 것이다.

형광등 불을 켜고 일하다 보니 연구소의 인턴 학생이 들어와 데이터를 함께 보자고 한다. 학생이 가져온 데이터는 파장별로 물질이 빛을 흡수하는 정도가 어떤지 측정한 데이터다. 이 실험 역시 물질 안에 존재하는 전자들의 퀀텀점프 현상을 이용한 실험이다. 이 학생은 지금 바로 자신의 머리 위에 있는 형광등 안에서 쉴 새 없이 퀀텀점프가 일어나고 있다는 사실을 알고 있을까?

마트에는
속도가
필요하다

_상도표, 냉동 기술, 유도 방출

퇴근 후 고소한 빵 냄새를 맡으니 안 그래도 고팠던 배가 더 요동친다. 배고플 때는 장을 보러 오는 것이 아닌데……. 하지만 시간이 너무 늦으면 신선한 채소가 다 팔릴지도 모른다고 아내가 걱정해 서둘러 장을 보러 왔다. 독일의 마트에서는 거의 항상 입구에 빵집이 있다. 빵들이 풍기는 냄새와 먹음직스럽게 진열된 모습이 언제나 나를 유혹한다. 식사 대용 빵도 많지만, 내 눈과 코를 사로잡는 것은 당연히 달콤한 간식용 빵이다. 커스터드 크림이 올라간 브레첼, 라즈베리가 올라간 초코케이크, 시나몬 가루와 시럽이 뿌려진 달팽이 모양 빵 등 나를 유혹하는 빵이 너무 많다. 그래서 이번에도 나는 유혹을 이기지 못했다. 마트에 들어서기 전부터 빵을 잔뜩 사고 말았다.

변함없는 커피 맛을 위해서 ●

색색의 채소가 진열된 매대에서 아내와 함께 채소를 모두 고른 뒤 인스턴트커피들이 즐비한 곳에 입성했다. 매대를 가득 채운 수많은 인스턴트커피가 눈앞에 펼쳐졌다. 유럽은 커피를 즐긴 역사가 오래된 만큼 인스턴트커피의 종류도 많다. 커피를 잘 알고 좋아하는 사람이라면 인스턴트커피가 질이 낮다고 생각하겠지만, 내 입맛에는 포장지에 적힌 방법을 따라 만드는 인스턴트커피도 참 맛있다. 어떨 때는 카페에서 내주는 평균 이하의 커피보다 더 맛있다(물론 아주 실력 있는 바리스타가 만들어준 에스프레소는 논외다).

최근 연구소에는 고급 에스프레소머신이 들어왔다. 누가 실험물리학자 아니랄까 봐 연구소 근처 대학에서 종종 강의를 진행하는 동료 물리학자는 월요일 아침마다 이 머신을 사용해 실험을 한다. 심지어 머신별로 커피 원두가 얼마나 잘 갈렸는지에 대해 평가한 논문을 읽었다며 내게 그 논문의 요점까지 설명해 주기도 했다. 커피 가루의 크기 분포 그래프에 대해 논할 때는 '이 사람, 진짜 물리학자구나'라는 생각에 웃음을 참을 수 없었다.

실험도 그렇지만, 사람이 하는 행위에 손을 타지 않는 일이란 없을 것이다. 그래서 저마다 습관도 다르다. 매번 오차 없이 정확하게 과정을 실시하기도 어렵다. 하물며 에스프레소를 추출하는 일도 그렇다. 커피 원두를 커피그라인더에 넣어 갈고, 갈린 커피 가루들을 탬퍼에 잘 담아 누르고, 머신에 넣어 에스프레소를 추출하는 과정은 간단해 보이지만 여러 단계에서 조금씩 오차가 생길 수 있다. 커피를 너무나도 사랑하는 그 동료 물리학자는 커피 가루의 크기 분포와 물을 떨어뜨리는 속도, 커피 가루를 누를 때의 압력 등 모든 단계에서 정확한 최적화를 이루는 것이 맛있는 커피를 만드는 비결이라고 말했다. 그래서 그는 커피를 내릴 때 저울을 들고 와서는 모든 재료의 무게를 정확히 계량해 커피를 내린다.

인스턴트커피는 이런 불안정한 수작업 과정을 공정화한 제품이니 커피 맛을 일정하게 즐길 수 있다. 가공식품에 대해 말할 때면 종종 나오는 농담이지만, '대기업에서 열심히 연구해 만든 제품'이 맛이 없을 리가 없다. 농담이라고 할지언정 전혀 일리가 없는 말도 아니다. 커피 공장에서 찍어낸 커피라고 해서 화학약품을 섞어 합성한 인공적인 맛을 내지는 않기 때문이다. 즉석밥이 화학약품을 사용하여 쌀을 합성해 만든 것이 아니듯 인스턴트커피도 볶은 커피 원두로 맛있게 내린 커피에서 시작한다. 맛있는 커피가 준비되면 여기에서 수분을 제거해 인스턴트 원두커피, 일명 '알커피'를 만드는 과정에 들어가는 것이다. 이때 커피를 건조시키는 방식은 크게 두 가지로 나뉜다.

첫 번째 방식은 '분사건조'로, 높은 온도에서 발생하는 증발 현상을 이용해 커피를 건조하는 방식이다. 이 방식에서는 먼저 커피에 포함된 수분을 효과적으로 증발시키기 위해서 표면적을 최대화한다. 증발은 물질의 표면에서 발생하는 현상이기에 물체의 부피보다 표면적이 넓으면 더 빠르게 일어나기 때문이다. 커피 공장에서는 높은 온도로 유지되는 공간에서 분무기 같은 도구를 사용하여 커피를 작은 물방울로 나누어서 뿌린다. 이때 작은 물방울로 뿌려진 커피는 빠르게 수분을 잃고 가루가 되어 바닥으로 떨어진다.

분사건조 방식으로 인스턴트커피를 만드는 것은 매우 간단한 원리지만 커피 애호가라면 선호하지는 않을 것이다. 높은 온도에서 수분을 날리는 공정이 커피의 맛에 어떤 영향을 미치는지 잘 알기 때문이다. 커피 안의 물 분자만 빠져나가는 것이 아니라 지방 성분이 산화하거나 단백질 성분이 변형되거나 향이 날아가 버릴 수 있다. 그래서 분사건조 방식은 주로 저가형 인스턴트커피를 가공할 때 사용한다.

두 번째 방식은 '동결건조'로, 이름 그대로 커피를 얼려 수분을 제거하는 방식이다. 요즘 유행하는 동결건조 간식들도 이 방식을 쓴다. 꽁꽁 언 커피에서 어떻게 수분을 증발시키는지 이해하기 어렵겠지만, 사실 물질은 언 고체 상태에서도 기체 상태가 되어 날아갈 수 있다. 이렇게 고체 상태에서 액체 상태를 거치지 않고, 바로 기체 상태로 변하는 과정을 '승화'라고 한다. 승화 현상은 모든 고체에서 발생할 수 있다. 어떤 물질인지에 따라서 그 정도가 다를 뿐이다. 심지어 아주 단단한 금속에서도 일어나는 현상이다.

그래서 실험실에서 금속 원자를 날려 얇은 박막을 만들 때도 이 승화 현상을 활용한다. 니켈Ni, 코발트Co 등 금속 물질 중에는 1000도 이상의 특정 온도에서 바로 기체 상태로 변하는 물질들이 있다. 이렇게 금속 원자들의 표면에서 바로 빠져나간 기체 상태의 분자들은 기판 위에 소복소복 쌓이며 박막이 된다.

승화 현상은 상대적으로 속도가 느리다. 딱딱한 고체 표면에서 일어나는 과정이니 그럴 만도 하다. 이 느린 과정을 빠르게 진행시킬 방법은 '상도표'에서 찾을 수 있다. 상도표는 물질의 세 가지 상태인 고체, 액체, 기체가 어떤 조건에서 안정적인지 나타낸 도표다. 이해가 어렵다면 '어떤 생명체가 살기에 가장 안정적인 환경을 나타낸 지도'라고 생각하자.

추운 곳을 좋아하는 북극곰과 펭귄이 온도가 낮은 극지방에 살고, 더운 곳을 좋아하는 사막여우와 낙타가 적도 근처 사막에 사는 것처럼 물질도 자신의 상태에 따라 가장 선호하는 영역이 있다. 원자가 서로 가깝게 붙어 있어 움직이기 어려운 고체는 압력이 높고 온도가 낮은 영역에서, 원자가 멀리 떨어져 있어 자유롭게 날아다닐 수 있는 기체는 압력이 낮고 온도가 높은 영역에서 안정적이다.

　[그림 17]은 간단하게 표현한 물의 상도표다. 이런저런 내용이 많아 보이지만, 왼쪽에서 오른쪽으로 갈수록 회색으로 표시된 기체 영역이 점점 늘어나는 것이 가장 눈에 뜨일 것이다. 즉 압력이 낮고 온도가 높아질수록 기체가 안정적일

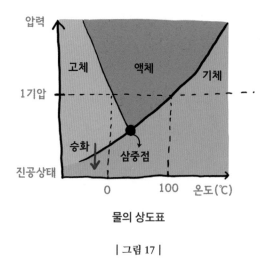

물의 상도표

| 그림 17 |

수 있는 영역이 늘어난다는 의미다. 하지만 고체와 액체, 기체 이 세 영역의 경계선이 만나는 삼중점보다 압력이 낮아지게 되면, 고체 상태에서 바로 기체 상태로 넘어가는 승화 현상이 고체와 기체의 두 영역에서 발생하는 상태변화를 지배하게 된다. 이때 만약 공기를 빼서 진공상태로 만들면 압력을 더 낮출 수 있다. 다시 말해 진공상태일 때 승화 현상이 더 활발하게 일어난다는 의미다.

커피 공장에서는 맛있게 만들어진 커피를 급속으로 냉각시킨 뒤 고체가 된 커피를 부수어 작은 얼음 조각으로 만들었을 것이다. 잘게 부수어진 이 커피 얼음 조각들을 진공상태에 두면 안에 있던 수분들이 빠르게 승화되어 고체 상태의 성분들만 남는다. 영하로 유지되는 온도 덕분에 지방 성분이 산화하는 것도, 향이 날아가는 것도 막을 수 있다. 온전히 수분만 건조된 맛 좋은 인스턴트커피가 되는 것이다.

여기서부터 우리가 맛있는 커피를 즐기기 위해 해야 할 일은 간단하다. 뜨거운 물을 부어 빠져나간 수분을 흡수시켜주면 인스턴트커피 원두에는 다시 생명력이 불어넣어진다. 이제 맛있는 그리고 안정적이고 변함없는 커피 맛을 즐기기만 하면 된다.

아이스크림을 지키기 위한
냉매의 여정

　인스턴트커피 매대를 지나니 냉동식품이 가득하다. 줄지어 놓인 냉동고 유리문을 통해 안을 들여다보니 브로콜리, 감자튀김, 닭튀김, 생선, 피자 등 냉동식품 종류가 다양하다. 손질하기 어려운 브로콜리나 생선을 냉동식품으로 사기 위해 종종 오기도 하지만, 오늘 우리의 시선을 빼앗은 것은 따로 있다. 바로 종이로 만든 둥그런 통에 담긴 아이스크림이다.

　이 세상에 아이스크림을 싫어하는 사람이 과연 얼마나 될까? 아이들이 모여 있을 때 가장 빠른 시간에 이 악동들을 차분하게 만들어줄 수 있는 마법의 주문은 "아이스크림 먹자"일지도 모른다. 맛과 모양의 선호도는 조금씩 다르겠지만, 건강상의 이유로 아이스크림을 전혀 먹지 못하거나 자제해야 하는 사람이더라도 아이스크림의 부드러움과 달콤함을 싫어하지는 못할 것이다. 머리를 띵하게 하고, 입안을 얼얼하게 마비시킬 정도로 차가운 아이스크림은 아마도 여름을 시원하게 보내는 가장 쉬운 방법일 것이다.

　아이스크림의 유일하지만 아주 큰 단점은 영하의 낮은 온도에서만 제조와 보관이 가능하다는 점이다. 조선시대에도 왕이 빙수를 먹었다는 기록이 남아 있기는 하지만, 분명 쉽게 얻을 수는 없었으리라. 냉동 기술이 개발되기 전에는 지금처럼 아이스크림을 언제 어디서든 즐기는 일이 불가능했을 듯하다.

냉동 기술은 아이스크림을 만들고 보관하는 데도 필요하지만, 물리학의 가장 핵심 기술이기도 하다. 물리학, 아니 적어도 단단한 물질들의 성질을 연구하는 고체물리학에서만큼은 지구의 온도가 너무 높다. 미시세계를 다루는 물리학에서 미터나 킬로미터, 톤 단위를 사용하지 않는 것처럼 온도를 말할 때도 일상에서 쓰는 섭씨온도를 쓰지 않는다.

우리 몸은 대부분 물로 구성되어 있으니 물의 어는점인 0도와 끓는점인 100도를 기준으로 하는 섭씨온도를 사용하는 것이 자연스럽지만, 물질의 입장에서는 그렇지 않다. 물의 상태 변화를 기준으로 정해진 섭씨온도가 너무 임의적이기 때문이다. 전자가 사는 물질이라는 나라에 온도계가 있다면 그 온도계는 섭씨가 아닌 절대온도계일 것이다. 절대온도는 이론적으로 기체의 부피가 완전히 줄어들어 사라지는 온도를 0도로 삼는 온도 체계다.

우리가 인스턴트커피를 살펴볼 때 보았듯 기체는 압력이 낮고, 온도가 높을수록 안정적이다. 온도가 높으면 기체의 부피가 커지는데, 이를 반대로 말하면 온도가 낮을수록 기체의 부피는 줄어든다. 부피가 줄어드는 추세를 따라 선으로 긋다 보면 기체의 부피가 완전히 줄어드는 온도를 유추할 수 있다. 이 온도는 섭씨온도 기준으로 영하 273도다. 부피가 0이 되니 이론적으로 보면 영하 273도는 모든 물질이 얼어버리는 온도라고도 할 수 있다. 절대온도는 이 온도를 '켈빈(K)'이라는 단위를 써서 0켈빈으로 정한다. 그리고 온도는 섭씨온도와 같은 간격으로 올라간다.

영하 273도가 0켈빈이니, 반대로 말하면 0도는 273켈빈이다. 우리가 생활하기에 적합한 20~25도는 절대온도로 300켈빈 정도다. 그러니 물질과 그 안에 사는 전자에게 상온이란 얼마나 더운 온도란 말인가.

높은 온도로 인해 열을 받은 전자는 실제로 콩 튀듯 팥 튀듯 물질 안에서 요동친다. 전자의 이런 움직임은 양자역학적 현상을 연구하는 물리학자들에게는 아주 거슬린다. 양자역학적 현상들은 굉장히 섬세해서 전자가 심하게 요동치면 관측이 어렵기 때문이다. 물론 해결책이 아예 없는 것은 아니다. 온도를 낮추는 냉동 기술을 이용하여 온도를 절대영도에 가깝게 낮추다 보면 새로운 양자역학적 현상들을 관측해 나갈 수 있다.

그러면 냉동 기술이 적용된 냉장고는 어떤 원리로 온도를 낮추는 것일까? 힌트는 우리 피부에 있다. 살아 있는 한 신체는 에너지를 계속해서 사용하며 열을 뿜어낸다. 운동이나 면역반응 등으로 체온이 올라가면 체온을 내리기 위해 땀이 나오고, 이 땀이 증발하며 신체의 열을 빼앗아 간다. 냉장고도 마찬가지다. 냉장고의 땀에 해당하는 냉매의 상태변화를 이용하면 온도를 낮출 수 있다.

물론 땀을 흘리는 것만으로 체온을 영하로 내릴 수 없듯 냉장고도 단순히 냉매만으로 온도를 충분히 낮출 수 있지는 않다. 온도를 영하로 낮추기 위해서는 증발 현상이 아주 빠르게 일어나도록 강제해야 한다. 우리는 이미 그 방법을 알고 있다. 이번에도 상도표다. 앞에서 본 [그림 17]을 다시 보자. 액체인 지점에서 시작해 압력을 점점 낮추면 그래프상에서는 아래로 점점 내려가는 셈이다. 그러다 보면 기체가 더 안정적일 수 있는 영역에까지 진입하게 되는데, 이때 액체가 빠른 속도로 기화하며 외부의 열을 빼앗아가 온도를 낮출 수 있게 된다.

증발 현상이 빠르게 일어나는 원리를 활용하기 위해 냉장고의 냉매도 기체와 액체 상태를 넘나든다. [그림 18]을 보며 먼저 냉매가 기체 상태일 때부터 시작해 보자. 기체 상태인 냉매는 냉장고 밖에 있는 장치를 사용하여 아주 높은 압력을

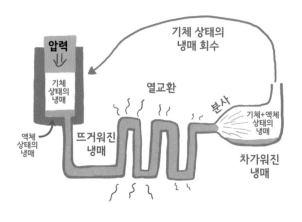

압력

기체 상태의
냉매

열교환

기체 상태의
냉매 회수

분사

기체+액체
상태의
냉매

액체
상태의
냉매

뜨거워진
냉매

차가워진
냉매

| 그림 18 |

가하면 액체 상태로 변한다. 이 과정에서 기체 상태였던 냉
매는 높은 압력으로 눌리면서 힘을 받기 때문에 온도도 같이
올라가는데, 냉각 과정이 필요한 냉장고에서 뜨거워진 냉매
란 쓸모없는 재료다. 이 냉매를 다시 사용하기 위해서는 공
기와의 열교환이 필요하다. 상온까지 온도를 낮추어 주어야
하기 때문이다. 여기까지 모든 과정은 차가운 온도로 유지되
어야 하는 냉장고 내부와는 분리된 곳에서 일어난다.

뜨거워진 액체 상태의 냉매는 냉장고 외부에서 식혀진 후
냉장고 내부의 압력이 낮은 곳으로 이동하여 뿜어져 나온다.
압력의 차이가 발생하면서 액체 상태의 냉매 표면에 있던 분
자가 강제로 떨어져 나오게 되어 액체 상태였던 냉매는 다시

기체 상태로 변한다. 마치 우리가 땀을 많이 흘리면 그 땀이 한꺼번에 증발하는 것처럼 냉매는 이 과정에서 많은 양의 기화열을 빼앗겨 온도가 낮아진다. 다시 온도가 낮아져 차가워진 냉매는 냉장고의 냉동실로 이동한다.

　냉장고 속 냉매의 여정 덕분에 냉동실에서는 냉각 과정이 유지되고, 아이스크림도 차갑게 보관된다. 정신을 놓고 뚫어지게 아이스크림을 보다 보니 물리학자처럼 냉장고 속 냉매를 떠올리며 여기까지 오고 말았다. 이제 살 것은 다 샀으니, 얼른 계산하고 챙겨서 집에 가야겠다.

1과 2 사이　　　　　　　　　　　　　　●

　마트에서 장을 보기 전에는 항상 건강하게 먹자고 다짐하지만 정신을 차려 보니 오늘도 이미 상황이 끝났다. 계산대에 올려놓은 음식들은 인스턴트커피에 설탕, 감자칩, 소금이 잔뜩 묻은 마카다미아, 아이스크림, 딸기요구르트, 삼겹살이다. 무엇 하나 건강을 위한 음식이라고 자랑할 만한 것이 없다. 실제로는 아무도 내 계산대를 신경 쓰지 않겠지만, 이럴 때면 계산대 가득 채소와 과일을 올려놓은 독일인들의 시선을 괜히 신경 쓰게 된다. 한국에서도 요즘 '저속노화'를 위한 식단이 유행이라던데……. 가장 앞에 놓인 감자칩 봉지에 바코드스캐너를 갖다 대니 '삑' 하고 1유로 40센트라는 가격이 스크린에 뜬다.

그나마 계산원이 빛의 속도로 빠르게 계산해 주어서 부끄러움은 짧다. 내가 "빛의 속도"라고 말한 것은 괜한 농담이 아니다. 계산원들이 상품의 바코드를 찍기 위해 바코드스캐너의 버튼을 누를 때 붉은빛이 '번쩍' 하고 바코드 위를 지나는 것을 볼 수 있을 것이다. 사실 이 붉은빛은 바코드를 읽기 위한 레이저의 빛이다. 그러니 계산원들은 말 그대로 정말 빛의 속도로 계산해 주는 것이다.

우리 눈에는 바코드 위로 붉은빛이 일직선으로 그려지듯 보이지만, 이 일직선은 레이저LASER가 좌우로 움직이며 아주 빠르게 바코드를 훑고 지나간 흔적이다. 바코드의 색에 따라 반사되는 레이저 빛이 다르다는 것을 이용해 바코드의 정보를 읽는다. 레이저는 아주 강한 광원이라 바코드같이 물체를 인식할 때뿐 아니라 물체를 자르거나 깎을 때도 사용할 수 있다. 금속을 정교하게 절단하거나 조각하기 위한 공정, 라섹·라식 수술 등에도 모두 레이저가 활용된다.

이 같은 레이저의 특성을 이용하면 물체를 데울 때도 레이저를 사용할 수 있다. 보통 열선을 사용해 온도를 올리려면 시간이 오래 걸리지만, 레이저를 사용하면 물질의 온도 상한선에 구애받지 않고 짧은 시간에도 물질을 가열할 수 있다. 막스플랑크연구소에서는 최근 이를 활용해 아주 얇은 박막을 물체 표면에 입히는 증착 기술을 개발했다. 그 덕분에 이전에 만들기 어려웠던 물질도 더 쉽게 합성할 수 있게 되었다.

보통 고유명사처럼 쓰지만, 레이저는 'Light Amplification on by the Stimulated Emission of Radiation'의 앞 글자들을 딴 약자다. 직역하면 '유도 방출로 인한 빛의 증폭'이다. 레이저를 단순히 아주 강한 광원이라고만 생각하면 오산이다. 이름에서도 알 수 있듯 '유도 방출'이라는 양자역학적 현상 덕분에, 레이저의 빛은 특별하게도 단 하나의 파장으로만 이루어져 있다.

유도 방출 현상은 양자역학이 등장한 지 얼마 지나지 않은 1917년, 알베르트 아인슈타인이 처음으로 제안한 개념이다. 이 현상을 이해하기 위해서는 먼저 형광등에서 본 에너지 양자화라는 개념에 대한 이해가 필요하다.

앞서 보았듯 에너지 양자화란 에너지가 연속적인 값을 갖지 못하고, 띄엄띄엄 불연속적인 값만 갖는다는 의미다. 물리학에서 말하는 '연속적인 값'은 쉽게 말하면 '어떤 값도 다 가질 수 있다'는 말과 같다. 예를 들면 초 단위로 시간을 재는 상황이 그렇다. 1초와 2초라는 수 사이에는 1.001초, 1.002초,

1.003초 등 셀 수 없이 많은 값이 존재한다. 누군가 1.54278초라고 시간을 쟀다고 해도 낯선 시간일 뿐 말은 된다. 단지 초 단위의 시간을 얼마나 정밀하게 잴 수 있는지가 문제인 것이다. 반면 '불연속적인 값'은 '특정한 값만 가질 수 있고, 그 사이의 값들은 허용하지 않는다'라는 의미다. 예를 들면 인원을 세는 상황이 그렇다. 1초와 2초처럼 무한한 값이 존재하지만 1인과 2인이라는 수 사이에는 1.54278인이라고 그 사이의 수를 포함해서 셀 수 없다. 즉 이 경우에는 1과 2라는 수 사이에 마치 낭떠러지처럼 뚝 끊어진 커다란 격차가 있다.

우리는 불연속적인 값을 갖는 상황에 더 익숙하다. 오히려 연속적인 값을 갖는 상황에 익숙하지 못하다. 그래서 연속적인 값을 가질 수 있는 것에도 무의식적으로 그 값이 불연속적이라 생각한다. 초를 셀 때도 그 단위를 1초로 두고, 그보다 작게 측정되는 단위는 무시한다(1.54278초라고 굳이 재지 않듯). 내가 주로 쓰는 쿼츠식 시계도 마찬가지다. 시계의 초침이 1초와 2초 사이를 눈 깜짝할 새 뛰어넘어 버려서 마치 시간조차 불연속적인 값을 갖는 것처럼 착각하게 만든다.

고전역학에서 에너지는 전자의 속도에 따라 어떤 값도 가질 수 있는 연속적인 값이다. 하지만 양자화된 에너지는 특정한 값만 가질 수 있는 불연속적인 값이다. 전자가 좁은 공간에 갇히면 마치 건물 층처럼 특정한 값만 갖게 되는데, 원자 안에 있는 전자도 그러하다. 원자라는 좁은 공간에 갇힌 것이니 이때 전자의 에너지는 양자화된다. 이렇게 양자화된 전자의 에너지를 앞서 사무실 형광등에서 언급한 '에너지층 energy level'이라고 한다(표준 번역은 '에너지 준위'지만, 여기에서는 쉽게 에너지층이라고 하겠다).

전자는 가장 낮은 에너지층부터 자기 자리를 찾아 차곡차곡 채워 나간다. 원자에는 여러 개의 전자가 갇혀 있지만 물리학자들은 낮은 에너지층에 있는 전자에 별로 관심이 없다. 벽돌이 쌓여 있을 때 공고하게 자리 잡힌 바닥 쪽 벽돌들을 움직이기 어려운 것처럼 낮은 에너지층에 있는 전자일수록 움직이기가 어렵기 때문이다. 반면 높은 에너지층에 있는 전자는 비교적 에너지를 자유롭게 공급받기 때문에 더 높은 에너지층으로 이동할 수 있다. 그래서 위층의 전자들은 흥미로운 움직임을 보이기도 한다.

전자가 위치한 에너지층 중 가장 꼭대기 층과 바로 그 아래층을 보자. [그림 19]에서 노란색으로 칠해진 원이 전자다. 첫 번째 그림에서 꼭대기 층은 비어 있고, 아래층은 두 개의 전자로 채워져 있다. 전자가 낮은 에너지층에 있을 때 '바닥 상태'라고 하고, 이 전자가 모종의 이유로 위층으로 올라가면

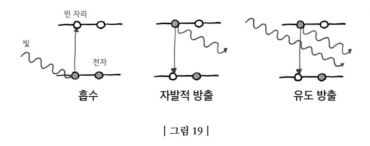

빈 자리

빛

전자

흡수　　　　자발적 방출　　　　유도 방출

| 그림 19 |

'들뜬 상태'라고 한다. 아인슈타인은 1917년 자신의 논문에서 유도 방출 현상을 처음으로 언급하며 원자가 외부에서 들어오는 빛과 상호작용하는 세 가지 방식을 설명했다.

　첫 번째 방식은 '흡수'다. 빛에너지를 받은 바닥 상태의 전자가 더 높은 에너지층으로 이동하며 들뜬 상태로 변하는 경우다. 두 번째 방식은 '방출 혹은 자발적 방출'이다. 위층으로 올라간 들뜬 상태의 전자가 일정 시간이 지나면 자발적으로 빛에너지를 내보내며 다시 바닥 상태로 변하는 경우다. 이 두 가지 방식은 물질의 색이나 투명한 정도를 결정하는 중요한 과정이기도 하다. 그러나 레이저에서 가장 중요한 과정은 세 번째 방식인 '유도 방출'이다.

　[그림 19]의 세 번째 그림에서 볼 수 있듯 일반적인 방출과 달리 유도 방출에서는 '빛이 빛을 낳는' 과정이 일어난다. 외부에서 들어온 빛을 그대로 돌려주는 단순한 흡수·방출과는 다르게 유도 방출에서는 시간이 지나며 빛의 양이 증폭된

다. 그 덕분에 단일 파장을 가진 강한 빛을 낼 수 있다. 이때 유도 방출을 더 효과적으로 발생시키려면 빛이 다른 곳으로 도망가지 않고 전자를 자극해야 한다. 그래서 보통 레이저를 사용하는 도구에는 앞뒤로 거울이 달려 있는데, 이 거울 사이에 유도 방출을 발생시키기 위한 물질들이 들어 있다. 빛은 두 개의 거울 사이를 왔다 갔다 하며 유도 방출 방식에 따라 양이 증폭되다가 일정 세기 이상으로 강해지면 방출된다. 우리는 레이저를 쓸 때 이 빛을 활용하는 것이다.

사실 나는 유도 방출이라는 용어에 정이 가지 않는다. 한국물리학회의 물리학 용어집에 따르면 레이저의 'stimulated emission'은 '유도 방출'이라고 번역되는 것이 맞지만, 개인적으로는 '자극 방출'이라고 번역해야 더 적절한 것 같다.

엄밀히 따지면 유도 방출 방식은 들뜬 상태의 전자가 외부에서 들어오는 빛에 '자극받아' 덩달아 빛을 방출하는 과정이다. 가족 중 누군가가 운동을 열심히 한다든가, 직장 동료가 다이어트를 시작한다든가, 친구가 좋은 성적을 받았다든가 할 때 우리가 '자극받아' 그 행동을 똑같이 하는 것처럼 말이다. 그러니 레이저에서 발생하는 방식도 자극 방출이 아니면 무엇이겠는가?

가격이 찍히는 스크린을 멍하게 보고 있자니 계산대에서

빛의 속도로 계산이 끝난 상품들이 반대편으로 쏟아져 나온다. 이제 우리가 해야 할 일은 '사람의 속도'로 장바구니에 물건을 담는 일이다. 들고 온 에코백에 물건을 가득 담으면 부자가 된 기분이다. 날은 덥지만, 집에 가면 아내와 삼겹살을 구워 먹어야겠다. 잠깐, 레이저로 구우면 굉장히 빠르게 구워지지 않을까? 아니다. 그러다가 분명 아내에게 혼날 수도 있으니 이번에는 참자.

태양을
피하는 방법

_빛의 파동, 광합성, 진자운동

　북반구가 태양의 사랑을 가장 뜨겁게 받는 여름은 만국 공통 '휴가의 계절'이다. 더운 여름에는 기력이 떨어져 일하는 것도(나도 뜨거운 사무실에서 논문을 겨우 읽었던 기억이 난다), 공부하는 것도 힘들어지니 이때가 바로 휴가를 즐기기에 좋은 시기다. 독일은 한국만큼 여름휴가에 진심이다. 보통 유급휴가가 연간 30일 이상인데, 그중 절반 이상을 여름에 사용한다. 휴가철이면 연구소도 텅 빈다. 많은 동료가 자리를 비우니 연구도 평소보다 느리게 진행되어서 실험도 휴가철을 고려해서 계획해야 한다. 그러니 혼자라도 열심히 일하겠다며 버티기보다는 휴가철에 맞추어 같이 쉬는 편이 낫다. 그래서 나도 이번 여름에는 아내와 함께 가까운 슈바르츠발트로 하이킹을 왔다.

자외선 크림, 엑스선 크림, 감마선 크림

함께 숲길을 따라 걷던 아내가 갑자기 아침에 선크림을 발랐냐고 물었다. 선크림을 바르는 것은 매우 중요한 일이지만 나는 당연히 바르지 않았다. 왜 발라야 하는지도 잘 안다. 하지만 발림성이 가벼운 로션에 비해 선크림은 발림성도 무겁고, 바르면 왜인지 피부가 답답하다. 자외선을 막아주는 갑옷이라고 생각하면 답답해도 조금 참는 것이 맞다. 그러나 성격이 예민해서인지, 건망증 때문인지 매번 잘 바르지 않게 된다.

자외선은 우리 눈에 보이지 않아서 무언가 특별한 빛일 것 같지만, 그저 파장의 길이가 다른 빛일 뿐이다. 더 쉽게 말하면 그저 '색이 다른 빛'일 뿐이다. 사실 '색'은 자연에 없는 개념이다. 자연에는 빛의 파장만 존재한다. 색이라는 개념은 순전히 인간이 정의한 것이다.

물리학에서는 빛을 파동으로 이해한다. 전기장과 자기장은 라면 면발처럼 구불거리며 진행하는데, 이 구불거림이 어느 정도의 간격으로 반복되는지 표현한 값이 '파장'이다. 만약 라면처럼 짧고 강한 꼬불거림이라면 그 빛의 파장은 대략 5밀리미터 정도 될 테고, 아내가 매번 이야기하는 굵은 히피

펌 같은 구불거림이라면 그 빛의 파장은 대략 5센티미터 정도 될 것이다. 만약 바닷가에서 볼 수 있는 너울 정도로 구불거림이 크다면 그 빛의 파장은 5미터 이상일 것이다.

그러면 빛의 파장은 얼마나 긴 것일까? 물리학에서 말하는 빛은 그 범위가 넓지만, 우리가 일상에서 말하는 빛은 보통 가시광선을 의미한다. 가시광선은 380~750나노미터의 파장을 가진 전자기파다.

한국이 반도체로 먹고사는 덕분에 '나노미터(㎚)'라는 단위가 그렇게 생소하지는 않을 것 같다. 10나노미터는 1미터를 1억 개로 쪼갰을 때의 길이다. 이렇게 말해서는 얼마나 작은지 도저히 감을 잡기 어려울 테니 지금 내 말을 듣고 한번 상상해 보자. 한 통장이 있다. 이 상상 속 통장에 들어 있는 1000억 원을 1000원짜리 지폐로 뽑으면 1억 장의 지폐가 나온다. 이 지폐들을 탑처럼 차곡차곡 쌓으면 약 110킬로미터 정도의 높이가 되는데, 이 높이는 서울과 충주 사이의 거리와 맞먹는다. 즉 1미터와 10나노미터의 관계는 1000원의 두께만 한 길이로 잰 서울과 충주 사이의 거리와 같은 것이다.

전체 전자기파 중에서 인간이 볼 수 있는 파장의 영역은 극히 좁다. 색은 이 좁은 가시광선 영역에서 각 파장을 구분하기 위해 뇌가 만들어낸 환상이다. 우리 뇌는 750나노미터

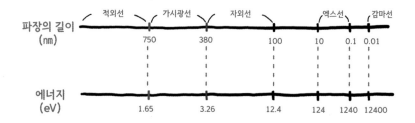

| 그림 20 |

정도의 빛은 빨간색으로, 380나노미터의 빛은 보라색으로 인지한다. 참고로 450나노미터의 빛은 파란색, 500나노미터의 빛은 초록색으로 인지한다. 이제 옷 가게에서 파란색 티셔츠와 초록색 티셔츠 사이에서 고민할 때 이렇게 생각하게 될지도 모른다. 이 티셔츠의 차이는 100나노미터도 되지 않는다고 말이다.

자외선은 '紫外線', 즉 '보라색의 바깥쪽'이라는 이름처럼 보라색 파장인 380나노미터보다 파장이 짧다. 하지만 이렇게 따지면 10나노미터 파장의 빛도, 0.01나노미터 파장의 빛도 모두 자외선이 된다. 그래서 일반적으로 100~400나노미터 정도 되는 파장의 빛을 자외선이라고 정의한다. 참고로 우리가 병원에서 사용하는 엑스선이나 SF 영화에서 광선 검으로 자주 등장하는 감마선도 사실은 모두 파장이 다른 빛일

124

뿐이다. 엑스선은 0.1~10나노미터, 감마선은 0.01나노미터 이하의 짧은 파장을 가진 빛이다.

이렇게 빛은 파동이라고 이해할 수도 있지만, 한편으로는 '광자'라는 입자로 구성된 물질의 흐름이라고 이해할 수도 있다. 전문적으로 말하면 '파동-입자 이중성'이라고 하는데, 하나의 대상이 두 가지 성질을 갖고 있다는 말이다. 마치 로마 신화 속 두 얼굴의 신 '야누스'처럼 전혀 다른 두 가지가 합쳐진 듯 이상하게 느껴질 수도 있다. 하지만 빛의 '파동성'과 '입자성'은 서로 긴밀하게 연결되어 있다. 특히 빛의 파장은 광자의 에너지와 직접적으로 연관되어 있는데, 파장의 길이가 짧을수록 한 개의 광자가 가진 에너지가 커진다. 즉 빨간색 광자보다 보라색 광자의 에너지가 더 크다. 보라색 빛보다 파장의 길이가 더 짧은 자외선을 이루는 광자라면 더 큰 에너지를 갖게 된다.

단순하게 말하느라 파장이 다를 뿐이라고 했지만, 그렇다고 해서 자외선이 우리와 상관없는 무해한 빛인 것은 아니다. 수십 그램인 쥐와 수십 킬로그램인 인간은 완전히 다른 동물이지 않은가. 세상이 주기율표에 있는 원자들로 이루어져 있는 만큼 자연의 기본 단위는 원자 안의 전자들이 갖는 에너지다. 광자가 넓은 우주를 홀로 떠다닌다면 광자의 에너지가 크든 작든 상관없을 것이다. 빛도 파장이 다르면 물질에 대한 반응에서 각자 다른 특성을 갖게 된다. 광자의 에너지 또한 빛이 물질과 상호작용할 때 그 의미가 있다.

자외선이 해로운 이유는 원자에서 전자를 떼어내거나 다른 에너지 상태로 변형시킬 수 있을 정도로 에너지가 크기 때문이다. 자외선처럼 에너지가 높은 빛을 받으면 우리 몸에 있는 전자가 피부를 구성하는 분자나 DNA를 변형시킨다. 그래서 살이 타거나 다른 돌연변이 증상을 일으켜 피부병이 발생한다. 선크림에는 자외선을 효과적으로 흡수하여 에너지가 더 낮은 빛이나 열의 형태로 바꾸는 물질이 들어 있다. 그래서 선크림을 바르면 피부에 자외선이 직접 닿지 않게 된다.

자외선과 마찬가지로 엑스선과 감마선도 사실은 위험하다. 그러나 두 빛은 태양에서 지면으로 떨어지는 양이 매우 적기 때문에 따로 크림을 챙겨 바를 필요까지는 없다. 하지만 혹시라도 태양과 아주 가까운 별이나 엑스선이 마구 방출되는 별 근처에 사는 외계인을 만난다면, 그들에게 엑스선이나 감마선 크림을 영업해서 불티나게 팔 수 있지 않을까?

검은 숲속의
초록 나뭇잎

    독일 국토 면적의 30퍼센트가 숲으로 우거진 만큼 독일인들의 '숲 사랑'도 각별하다. 고대 로마의 역사가였던 타키투스는 "독일인들의 문화와 정체성 그 중심에 숲이 있다"라고 기록하기도 했다. 어른들은 사계절의 숲속에서 휴가를 보내고, 아이들은 숲에서 일어난 이야기들을 읽으며 자란다.『헨젤과 그레텔』처럼 그림 형제의 동화에도 유난히 숲에서 길을 잃는 이야기가 자주 등장한다. 이전까지 나는 숲에서 길을 잃는다는 것이 무슨 의미인지 상상할 수 없었지만, 슈바르츠발트에 처음 오자마자 바로 이해할 수 있었다.

    슈바르츠발트에는 '검은 숲'이라는 뜻이 있다. 고대 로마 시대에 숲이 너무 우거져 이 지역을 정복할 수 없어서 그렇게 부르기 시작했다고 한다. 지금은 도로와 길이 잘 나 있어 완전한 미지의 영역은 아니지만, 여전히 그 이름에 걸맞게 수 킬로미터를 걸어도 계속 같은 풍경만 볼 수 있다. 그래서 처음 이곳에 하이킹을 왔을 때에는 숲속에서 길을 잃을지도 모른다는 생각에 덜컥 겁이 나기도 했다. 하지만 지금은 '어두운 숲속'에 익숙해져서 아무 생각 없이 걷다 보면 명상이라도 한 것처럼 복잡한 머리가 맑아지는 기분이 든다.

이름이 검은 숲이기는 하지만, 그렇다고 나무가 검지는 않다. 여느 숲처럼 푸르다. 나무가 푸른 이유는 모두 잘 알고 있듯 광합성을 하는 나뭇잎의 엽록소가 초록빛을 띠기 때문이다. 엽록소는 해가 쨍쨍한 낮에 이산화탄소를 원료 삼아 탄수화물을 합성하고, 부산물로 만들어진 산소를 공기 중에 배출한다. 화학식으로 보면 이 과정은 간단하게 정리된다.

이산화탄소(CO_2) + 물(H_2O) → 탄수화물(CH_2O)$_n$ + 산소(O_2)

하지만 레시피대로 재료를 섞어 적절한 온도로 익혀도 맛집에서 먹은 그 맛이 나지 않듯, 이산화탄소와 물을 섞고 아무리 기다려 보아도 탄수화물과 산소가 활발히 만들어지지는 않는다. '광합성 레시피'에는 숨겨진 비법 재료가 하나 있다. 바로 빛이다. 하지만 모든 비법 재료가 그렇듯 아무 빛이나 광합성을 일으킬 수 있는 것은 아니다.

광합성이라는 요리에서 요리사는 엽록소다. 나무에 있는 엽록소 중 가장 흔한 종류는 '엽록소 a'와 '엽록소 b'다. 이 두 종류의 엽록소는 빨간색과 파랑-보라색 빛을 효과적으로 흡수한다. 태양은 가시광선 영역을 중심으로 양 끝의 자외선과 적외선 영역을 포함한 넓은 파장대의 빛을 지구로 내뿜는데, 이 빛을 받은 나뭇잎은 무지개의 끝에 해당하는 빨간색과 파랑-보라색 빛을 흡수해 광합성 재료로 쓰고, 나머지 빛은 내보낸다. 이때 방출되는 빛을 우리 뇌는 초록색으로 인지하기 때문에 나뭇잎이 초록색으로 보이는 것이다. 나뭇잎은 초록색이지만 사실 초록색 빛을 배척한다. 자신이 가장 싫어하는 빛으로 자신의 색이 결정된다니, 참 슬픈 일이다. 엽록소는 왜 초록색을 싫어할까?

우리가 아는 분자들은 기껏해야 두세 개의 원자로 이루어지는 것이 보통이다. 물H_2O, 산소O_2, 이산화탄소CO_2처럼 말이다. 마실수록 다음 날 머리를 어지럽게 만드는 술의 에탄올도 C_2H_6O로 아홉 개의 원자가 끝이다. 반면 엽록소 a는 $C_{55}H_{72}O_5N_4Mg$로, 우리가 흔히 알던 분자들에 비하면 훨씬 크고 복잡하다.

엽록소는 금속 원자를 포함하고 있다는 점에서도 특별하다. 엽록소에는 무려 100개가 넘는 원자가 있지만, 엽록소 a의 분자식에서 볼 수 있듯 꼬리에 붙은 마그네슘Mg 원자 덕분에 광합성을 할 수 있다. 게다가 엽록소의 수많은 분자 안에는 또 수많은 전자가 '갇혀' 있다. 그래서 엽록소의 전자는 레이저의 전자처럼 고전역학이 아닌 양자역학을 따른다.

양자역학에 대한 현학적 이야기가 워낙 많지만 벌써 겁먹지는 말자. 전자의 행동은 자유의지를 가진 인간의 행동보다 평범하다. 사실 양자역학은 그저 전자같이 아주 작은 녀석들의 행동을 정확한 수치로 설명하기 위한 이론일 뿐이다. '역학'은 '그 행동을 예측할 수 있다'는 말과 같다. 오히려 인간은 이상한 행동도 많이 하고, 그것을 전혀 예측할 수 없어 당황스러울 때도 자주 있지 않은가. 만약 '인간행동역학'이라는 이론이 정립되면 양자역학보다 수십, 수백 배는 더 복잡하고 어려울 것이다.

바코드스캐너의 레이저에서 살펴보았듯 양자역학에 따르면 원자와 분자에 '갇힌' 전자는 불연속적인 값의 에너지를 갖는다. 이를 에너지층이라고 한다. 엽록소 분자에 있는 마그네슘 원자가 다른 원자들과 상호작용하며 엽록소 안의 에너지층 간격을 결정한다. 이렇게 결정된 에너지층 간격이 빨간색과 파랑-보라색 빛의 에너지에 해당하기 때문에 나뭇잎은 이 두 개의 빛을 가장 강하게 흡수할 수 있는 것이다.

여기까지가 나뭇잎이 초록빛을 띠게 된 원리다. 그렇다면 아예 처음부터 시작해 보자. 엽록소가 초록빛을 띠도록 만들어진 이유는 과연 무엇일까? 솔직히 말하자면 거기까지는 나도 잘 모른다. 태초부터 거듭된 진화의 결과일 수도 있고, 초록빛을 좋아했던 조물주의 설계일 수도 있고, 광합성을 할 수 있는 식물이 최초로 등장했을 때 그 식물 주변에 마그네

숲이 풍부했기 때문일 수도 있다. 지금은 그저 이 초록빛을 즐기면 될 것 같다. 탄소 배출과 미세먼지 등 대기 오염이 심각한 문제로 손꼽히는 요즘 같은 때, 이렇게 우거진 숲이 잘 보존되고 있다는 사실만으로도 참 감사한 일 아닌가.

걷기라는 진자운동

나는 등산을 즐기는 편이지만, 오롯이 즐기기에 다소 무리가 있는 과정은 맞는 듯하다. 정상에 올라서서 바라보는 풍경과 성취감을 위해서 가파른 오르막을 한 걸음 한 걸음 힘주어 디디며 위로 올라가야 한다. 하지만 평지에서 하는 하이킹이라면 말이 다르다. 너무 빠르지도 느리지도 않게 걷는다면 몇 시간이고 계속 걸을 수 있다. 가방에 에너지 바와 물이 있다면 더더욱. 운동을 싫어하는 아내가 유일하게 좋아하는 활동도 걷기다.

인간을 포함한 동물들의 걷는 방식은 참 다양하다. 몇몇 동물은 '걷는다'보다 '긴다'라는 표현이 더 어울리기도 하지만, 이 녀석들도 모두 같은 방식으로 움직이는 것은 아니다. 말처럼 당당하게 걷는 동물이 있는가 하면, 토끼나 개구리처럼 폴짝 뛰며 움직이는 동물도 있고, 도롱뇽이나 도마뱀처럼 바닥에 딱 붙어 움직이는 동물도 있다. 이렇게 걷는 방식이 다양해진 이유는 각자의 신체 조건에 그 방식이 최적화되어 있기 때문일 것이다.

그중에서도 우리는 여러 가지 창의적인 방식으로 다리를 사용한다. 우사인 볼트처럼 빠르게 달릴 수도 있고, 마이클 조던처럼 높이 점프할 수도 있으며, 마이클 펠프스처럼 물장구쳐 수영할 수도 있다. 하지만 인간에게는 맨몸으로 하는 그 어떤 움직임 중에 걷기보다 효율적인 것이 없다.

인간이 걷는 방식을 [그림 21]처럼 아주 간단하게 축약해서 보면 지면과 닿는 발을 축으로 삼고, 몸통의 무게중심이

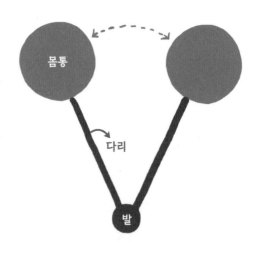

| 그림 21 |

다리로 연결되어 원호를 그리는 진자라고 볼 수 있다. 그러니 인간의 이상적인 걷기는 진자운동이다. 괘종시계처럼 막대 끝에 달린 무게추가 흔들리는 그 진자운동 말이다. 발을 딛고 한 걸음 나아가면 무게중심이 조금 위로 올라갔다가 최고점을 지나 다시 내려온다. 다시 발을 바꾸어 딛고 한 걸음 나아가면 그 다음 진자운동이 발생한다.

진자운동은 한번 시작되면 에너지가 필요하지 않다. 공기와 마찰하며 잃는 아주 작은 에너지를 무시할 경우 진자운동은 계속될 수 있다. 이 이론이 정말 사실이라면 마찬가지로 인간도 가만히 서 있을 때의 에너지와 '진자운동을 하면서' 걸을 때 소모되는 에너지의 양이 크게 차이 나지 않을 것이다. 하지만 우리는 걷기가 운동이 된다는 것을 안다. 걷는 것이 어떻게 에너지를 소모하는지 정확한 원리를 파악하기는 어렵다. 하지만 신체 근육이 인간의 걸음에 완전히 최적화된 상태가 아니기 때문에 운동하듯 에너지를 소모할 수는 있다. 우리 몸이 걸을 때만 쓰이는 것은 아니니까.

그러니 걸을 때 에너지를 최소한으로 소모하고 싶다면 진자처럼 자연스럽게 걸어야 한다. 말도 안 되는 소리 같지만 다리에 힘을 주고, 땅을 앞으로 차거나 너무 우악스럽게 뒤로 밀지 않으면서, 중력과 관성에 몸을 맡겨서 걸어야 한다. 그래야 내 에너지를 최대한 아끼며 오래 걸을 수 있다.

튼튼한 하이킹 부츠를 신고 걸으니 숲길을 따라 걷는 발걸음도 가볍다. 물과 여벌 외투, 간식이 가득 든 배낭을 멨지만, 마치 무빙워크에라도 올라탄 것처럼 미끄러지듯 숲길을 걷게 된다. 오늘 걸을 하이킹 코스는 네 시간 정도면 마칠 수 있을 것 같다.

사실 숲속 하이킹의 주목적은 운동이 아니다. 걷는 것도 내가 이동하는 데 필요한 수단에 불과할 뿐이다. 숲속 하이킹의 주목적은 숲의 공기와 숲속에서만 볼 수 있는 동식물, 풍경 등을 즐기는 것이다. 그래서 숲에 갈 때면 나는 어떤 새로운 동식물을 만나게 될지 항상 기대감에 설렌다.

보이지
않는 것을
비추는 빛

_엑스선, 간섭효과, 회절현상

　사방이 흰색 벽으로 둘러싸인 병원 대기실에 앉아 손을 내려다보았다. 새끼손가락 마디에 검은 멍이 들고 크게 부어올랐다. 어제는 아드레날린 탓인지 통증이 그렇게 심하게 느껴지지 않았는데, 오늘 아침이 되니 움직일 수 없을 정도로 아프다. 지금까지 겪은 거의 모든 부상이 그랬듯 이번에도 내 실수로 입게 된 부상이다. 정원의 젖은 풀을 밟고 물기를 제대로 닦지 않은 채 집에 들어가려다 계단에서 미끄러졌다. 넘어지면서 손가락을 잘못 짚어 꺾이고 말았다. 소싯적에도 농구를 즐기다 손가락이 워낙 많이 꺾여보았던지라 대수롭지 않게 여겼는데, 하루가 지나니 여간 아픈 것이 아니다.

뼈의 그림자 ●

독일에서는 예약 없이 병원에서 진료받기 어렵다. 주변 사람들에게 물어 당일에도 진료가 가능한 병원을 가까스로 찾았다. 한 시간 남짓 기다렸을까. 접수대에 있던 간호사가 "헤어, 킴(Herr, Kim)"이라고 말하며 내 이름을 불렀다. 진료실에 들어가니 인상 좋은 의사가 어디가 아픈지 물었다. 손을 들어 푸르게 변한 새끼손가락을 보여주며 더듬더듬 독일어로 자초지종을 설명했더니 의사는 우선 뢴트겐선 촬영을 해보자고 말했다.

'뢴트겐Röntgen선'은 독일에서 '엑스선X-ray'을 부르는 말이다. 특별히 그렇게 부르는 이유는 1895년 엑스선을 처음 발견한 독일의 과학자 이름이 빌헬름 뢴트겐Wilhelm Röntgen이었기 때문이다. 그는 진공상태에서 두 전극 사이에 높은 전압을 가하면 특이한 성질의 방사선이 나오는 것을 발견했다. 이 방사선은 유리나 인간의 신체는 뚫고 지나갈 수 있었지만, 두꺼운 금속은 뚫고 지나가지 못했다.

이 같은 성질을 활용해 그가 촬영한 것은 반지를 낀 아내의 손이었다. 당시에 발견된 엑스선은 기술적 한계로 매우 약했다. 다시 말해 엑스선을 만들기 위한 광원이 어두웠다. 지금은 순식간에 촬영하지만, 당시 뢴트겐은 아내의 손안에 있는 뼈와 반지가 상으로 맺힐 수 있게 수 분간 유리관 앞에서 아내의 손을 고정해 두었을 것이다. 그렇게 찍힌 손의 네 번째 손가락에 있던 반지는 아마도 결혼반지였으리라. 아내의 손과 두 사람의 결혼반지가 뢴트겐의 발견 중 역사적으로 가장 중요한 발견으로 남았다니, 정말 낭만적인 일이다.

한편 이 신기한 방사선의 정체를 알 수 없었던 뢴트겐은 수학에서 미지수를 의미하는 '엑스(x)'를 따와 이름으로 붙여 주었다. 이름이 무엇이 되었든 과학계에서 엑스선은 획기적인 발견이었음이 분명했다. 피부를 벗겨내지 않아도 몸속을 볼 수 있고, 물건을 파괴하지 않아도 안에 무엇이 들어 있는지 볼 수 있다니, 세상을 바꿀 만한 일이었다.

엑스선의 중요성은 전 세계에 빠르게 퍼졌고, 이미 유명 과학자였던 뢴트겐은 엑스선으로 세계적인 스타 과학자가 되었다. 나아가 엑스선을 발견한 뢴트겐은 그 덕분에 노벨물리학상 1호의 주인공까지 되었다. 그때만 해도 노벨상이 지금처럼 유명하지 않았기 때문에 따지고 보면 노벨상이 뢴트겐의 후광을 받은 셈이다. 뢴트겐 덕분에 현재 우리는 진료를 볼 때나 수화물을 검사할 때, 반도체를 제조할 때 등 많은 곳에서 엑스선을 사용하고 있다. 이제 엑스선 없는 세상은 상상하기 어려울 정도다.

이름을 이상하게 붙여서 그렇지, 엑스선도 빛이다. 그렇다면 엑스선은 왜 신체를 투과할 수 있을까? 그리고 이렇게 특이한 성질을 가진 방사선도 빛이라고 부르는 것이 맞을까?

선크림을 말할 때 우리는 빛의 이중성을 알아보았다. 빛은 파동이면서 동시에 입자다. 파장이 길수록 파동의 특성에 더 가까워진다. 예를 들어 우리가 운전하며 종종 듣는 라디오는 흔히 100메가헤르츠(㎒) 대역을 사용하는데, 이 대역에서의 전자기파 파장의 길이는 수 미터에 달한다. 전자레인지에서 사용하는 전자기파는 10센티미터 정도고, 우리 눈에도 보이는 가시광선 영역에서 수백 나노미터다. 하지만 선크림을 이야기할 때 보았듯 엑스선은 0.01~10나노미터 정도의 아주 짧은 파장을 갖는 전자기파다. 이렇게 파장이 짧으면 빛은 파동보다 입자의 특성에 가까워진다. 그러니 엑스선은 물체에 흡수되거나 반사되는 파동이라기보다 입자라고 보는 편이 맞다.

빛을 이루는 입자를 광자 혹은 빛 알갱이라고 하는데, 빈틈없이 물질로 채워져 있을 것 같은 물체나 신체도 작은 입자의 눈으로 보면 빈틈투성이다. 원자와 원자 사이의 간격도 넓은 데다가 원자 자체도 중앙의 원자핵 빼고는 거의 공간이 비어 있다. 그러니 엑스선이 쉽게 통과할 수 있는 것이다.

그렇다고 해서 엑스선의 광자가 물질과 전혀 상호작용하지 않는 것은 아니다. 만약 상호작용이 전혀 없다고 한다면 엑스선으로 촬영해도 사진에는 아무것도 보이지 않을 것이다. 공간이 듬성듬성하다고 해도 엑스선의 광자는 물질 속 전자와 직접 충돌하며 상호작용한다. 그래서 물질 속 원자에 전자가 많을수록, 즉 원자번호의 순서가 빠른 원자가 포함되어 있을수록 엑스선의 광자는 그 물질과 상호작용할 가능성이 높다. 물질의 밀도가 높을 때도 비슷한 원리로 상호작용 가능성이 높다.

　우리 몸에 붙어 있는 살은 대부분 물로 이루어져 있다. 그러니 살은 원자번호 1번인 수소와 8번인 산소가 대부분인 물질인 셈이다. 당연히 엑스선도 효과적으로 투과된다. 반면 뼈에는 원자번호가 20번인 칼슘을 포함해 여러 무기질이 포함되어 있어서 엑스선을 막아낼 수 있다. 말하자면 병원에서 보는 엑스선 사진에서는 뼈가 밝고 하얗게 나오지만, 사실 우리가 보고 있는 것은 엑스선을 가린 '뼈 그림자'인 것이다.

　예상했지만 내 뼈 그림자를 본 의사는 이상이 없다고 말했다. 대신 인대가 좀 늘어난 듯하다고 했다. 새끼손가락에 부목을 대 고정한 채 처방전을 받아 병원을 나섰다.

손뼉도 맞아야
소리가 난다

　　진료를 마친 뒤 버스에 올라타 연구소로 향했다. 손가락이 이 모양이니 당분간 작은 부품을 정교하게 조립하거나 수백 마이크로미터 크기의 시료들을 다루는 실험은 하기 어려울 것 같다. 다행히 내가 주로 다루는 시료는 대부분 수 밀리미터 정도의 크기라서 손가락을 다쳐도 충분히 다룰 수는 있다. 엄밀히 말하면 수 밀리미터 중에서 나를 사로잡을 정도로 흥미로운 특성을 가진 것은 시료의 표면에 입혀진 겨우 몇 나노미터 두께의 박막뿐이지만 말이다.

　　내가 속한 연구팀 이름은 '박막 기술 그룹'이다. 기판 위에서 수 나노미터에서 수십 나노미터에 이르는 두께의 양자 물질의 박막을 만드는 것이 우리 연구팀의 주된 연구과제다. 고품질 박막을 만들려면 합성 기술이 가장 중요하다고 생각하는 사람도 있겠지만, 합성 기술만 있다면 반쪽짜리와도 같다. 나머지 반쪽을 채우려면 박막의 품질을 제대로 평가할 수 있는 측정 기술이 필요하다. 품질 확인이 제대로 이루어져야 물질의 '진짜' 물리적 성질도 알아낼 수 있고, 새로운 물리적 성질도 찾을 수 있다.

문제는 작고 얇은 것들을 연구할 때 그 품질을 확인하는 일이 쉽지 않다는 것이다. 작고 얇은 것의 대명사로 반도체가 있다. 삼성반도체연구소에서 일할 때 나는 계측 기술을 연구하는 그룹에 있었다. 전 세계의 뛰어난 과학자들과 엔지니어들과 머리를 모아 새로운 기술을 개발했다.

하지만 아무리 뛰어난 사람들과 함께 일한다고 해도 나노미터밖에 안 되는 물질의 모양과 물리적 성질을 측정하는 것은 여간 어려운 일이 아니었다. 그렇다고 각 단계에서 측정을 제대로 하지 않고 수백 단계의 반도체 공정을 그대로 진행한다면 마지막 단계에서 제대로 된 소자를 얻을 수 없다. 마치 서울에서 눈을 감고 집을 찾아가는 행위와도 같다. 그만큼 측정 기술은 중요하다.

반도체 공정에서 생성되는, 눈에 보이지도 않는 작은 나노미터 크기의 구조들은 밖에서 오는 다양한 자극에 대한 신호를 내보낸다. 이 신호에 물질의 구조와 물질에 대한 정보가 숨어 있다. 아주 작은 신호를 붙잡고 씨름하는 일은 마치 공기에 실려 오는 희미한 바다 냄새에서 바닷물의 조성을 분석해야 하는 일만큼이나 어렵다. 가끔은 황당할 정도다. 그 덕분에 반도체 계측 기술을 연구하는 동안 나는 가능과 불가능의 경계에서 매번 아슬아슬한 줄타기를 해야 했다.

반도체 구조만큼 작지는 않지만 양자 물질 박막을 연구하는 지금도 또 다른 즐거움과 어려움이 공존한다. 오늘 할 실험은 엑스선을 활용한 계측이다. 엑스선은 병원에서만 쓰는 것이 아니다. 단단한 물질을 연구하는 고체물리학 실험실에서 가장 많이 쓰는 도구도 엑스선이다. 앞에서 말했듯 엑스선 파장의 길이는 0.01나노미터까지 내려갈 정도로 작지만, 수 나노미터의 규모에서는 엑스선을 파동으로서 활용할 수 있다. 박막을 연구하는 데 엑스선은 매우 유용하다.

실험실에 들어가기 전 시료와 방사선량계를 챙겼다. 실험실은 차폐가 잘되어 있어 엑스선에 노출될 가능성이 0에 수렴하지만, 혹시라도 발생할지 모를 사고를 방지하기 위해서 엑스선을 사용하는 실험실에서는 방사선량계를 사용해야 한다. 물론 영화에서처럼 방사선을 받아서 '슈퍼히어로'가 되는 일은 일어나지 않는다. 자외선의 높은 에너지는 피부에 영향을 끼치는 데 그치지만, 그보다 훨씬 더 높은 에너지의 엑스선에 과다 노출된다면 신체 내부에까지 자외선에 노출시키는 셈이다.

엑스선을 이용해 가장 먼저 확인해야 할 것은 박막의 두께다. 시료를 잘라서 현미경으로 단면을 확인한다면 쉽게 두께를 재겠지만, 이렇게 하면 더 이상 시료를 사용할 수 없다.

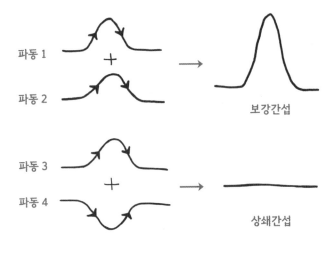

파동 1

파동 2

보강간섭

파동 3

파동 4

상쇄간섭

| 그림 22-1 |

이럴 때 엑스선의 파동성을 활용한다.

간섭은 파동이 서로 합쳐지며 커지거나 작아지는 현상이다. [그림 22-1]처럼 파동의 결이 맞아 같은 방향으로 진동하면 파동의 세기가 커지는 '보강간섭'이 일어나고, 결이 맞지 않아 서로 반대 방향으로 진동하면 파동의 세기가 작아지는 '상쇄간섭'이 일어난다. 파동의 간섭 현상을 가장 쉽게 볼 수 있는 예로 '노이즈캔슬링' 기술을 활용한 헤드셋이 있다. 이 기술은 외부에서 들어오는 소리와 정반대의 결을 가진 파동을 만들어 외부 소음을 상쇄시킨다.

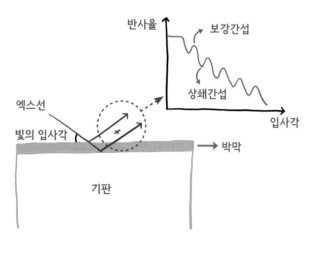

| 그림 22-2 |

　[그림 22-2]는 박막에 엑스선이 반사될 때를 표현한 그림이다. 엑스선의 일부는 박막의 표면에서 반사되지만, 일부는 더 깊숙이 들어가 박막과 기판이 이루는 경계면에서 반사된다. 그래서 경계면에서 되돌아온 파동은 조금 더 긴 거리를 지나온 셈이 된다. 처음에는 같은 빛의 파장이었지만, 갈라졌다가 반사되어 나오며 다시 만날 때 이 두 개의 파동이 서로 상쇄될지, 아니면 더 큰 파동이 될지 결정하는 것이 이때 발생한 경로의 길이 차다. 이 차이가 파장의 정수배整數倍라면 파동의 결이 딱 맞아 보강간섭 현상이 일어날 것이다. 만약 그렇지 않고 엇나가게 된다면 상쇄간섭이 생길 것이다.

[그림 22-2]에서처럼 경로의 길이 차는 박막의 두께에 비례하여 증가하지만, 각도에 비례해서도 증가한다. 박막의 두께가 고정되어 있을 때 각도를 바꾸어가면서 엑스선을 반사시키면 보강간섭과 상쇄간섭이 반복되어 일어난다. 이를 측정해서 그래프로 표시하면 마치 위아래로 물결이 치는 듯한 형태가 그려진다. 박막의 두께가 두꺼우면 엑스선의 각도를 조금만 바꾸어주어도 반사되는 엑스선 경로의 길이가 크게 차이 나기 때문에 그래프가 물결치는 주기는 더 짧아진다.

오늘 실험에서 이 그래프의 물결이 얼마나 자주 반복되는지 그 주기를 측정해 박막의 두께를 계산했다. 그래프를 통해 계산해 보니 이번 박막은 두께가 20.1나노미터다. 실험 계획에 따르면 20나노미터가 되어야 하지만, 오차가 1퍼센트 미만이다. 일단 첫 번째 관문은 통과한 것이다.

빛의 무늬를 찾아서 ●

박막의 두께를 측정했다고 해서 실험이 완전히 끝난 것은 아니다. 같은 실험 장비를 이용해 확인해야 할 것이 아직 남았다. 합성된 물질의 격자 구조다. 물질이 고체 상태일 때 원자들은 규칙적으로 배열되어 있다. 이 배열을 '격자 구조'라고 한다. 우리가 연필로 종이 위에 무언가를 쓸 수 있는 것도 이 격자 구조 덕분이었다. 똑같은 레고 조각도 사람마다 다른 형태로 조립할 수 있듯 같은 원자일지라도 배열이 달라지면 흑연과 다이아몬드처럼 전혀 다른 성질의 물질이 될 수 있다. 그래서 물질을 합성한 뒤에는 물질의 원자가 어떻게 쌓여 있는지, 그 사이의 간격은 어느 정도인지 등 구조를 확인해야 한다.

이때도 엑스선이 활용된다. 하지만 이번에는 반사가 아니라 '회절'이다. 회절은 파동의 성질 중 하나다. 순우리말로 '에돌이'라고도 하는데, 아주 작은 틈이나 장애물을 만나면 파동이 이를 에돌아서 가기에 이런 이름이 붙었다. 작은 틈을 지나는 물결의 파동이 대표적인 회절현상이다.

물질을 연구하는 물리학자가 엑스선을 사용하는 실험을 살펴보면 크게 분광학分光學과 회절현상 두 가지로 나눌 수 있다. 빛을 나누어 연구한다는 이름에 맞게 분광학은 빛의 파장에 따른 빛의 흡수와 반사, 방출을 연구한다. 원자의 양자화된 에너지와 빛에너지 사이의 공명 덕분에 특정 에너지를 갖는 빛은 더 잘 흡수되는 경우가 있다. 엑스선 영역에 속하는 에너지를 활용해 물질을 분석하면 왜 특정 물질은 전기가 잘 흐르지 않는 것인지, 다양한 원소가 섞인 물질에서 자기성을 띠게 하는 원자는 어떤 것인지 등 물질의 성질을 알아낼 수 있다.

회절현상을 이용하면 엑스선을 쏘았을 때 얻어지는 빛의 간섭무늬를 통해 물질 속 원자들의 배열 정보를 알 수 있다. 그 덕분에 다이아몬드나 루비처럼 원자들이 주기적으로 배열된 물질의 내부를 현미경 없이도 정확히 확인해 그 구조를 알아낼 수 있게 되었다. 회절은 무기물뿐만 아니라 유기물에도 활용이 가능해서 DNA의 이중나선 구조를 밝히는 데도 핵심 역할을 했다. 회절현상을 어떻게 활용했기에 물질의 구조도 알아낸 것일까?

우선 아주 간단한 형태로 살펴보자. [그림 23]의 두 그림은 빛이 그 뒤에 스크린이 설치된 작은 틈을 지나가는 상황

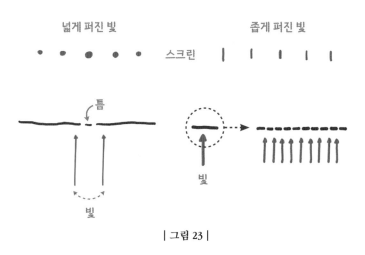

| 그림 23 |

을 표현했다. 만약 틈이 한 개라면 빛의 세기는 틈의 가운데를 정점으로 지나며 완만하게 떨어지는 형태를 그릴 것이다. 하지만 만약 [그림 23]의 왼쪽 그림처럼 틈이 두 개인 상황이라면 어떨까?

각각의 틈을 지난 빛의 파동이 서로 합쳐지며 간섭현상을 일으킬 것이다. 박막의 두께를 재기 위해 살펴보았듯 두 파동이 커질지 작아질지는 경로 길이의 차이로 결정된다. 빛이 두 개의 틈 가운데에 있다면 두 파동이 지나간 경로의 길이도 차이가 나지 않는다. 차이가 0이므로 보강간섭이 일어날 것이다.

그러나 스크린 중앙에서 빛의 위치를 조금 옆으로 움직이면 왼쪽 틈에 도달하는 빛과 오른쪽 틈에서 오는 빛이 달려온 거리가 달라져 경로의 차이가 발생하게 되고, 이 때문에 두 빛의 파동이 반대로 어긋나게 되어 상쇄간섭이 일어난다. 위치를 조금 더 옆으로 움직여서 빛의 파동을 다시 맞추면 이때는 보강간섭이 일어난다. 이런 현상 덕분에 스크린 위에는 보강간섭이 일어나는 곳마다 빛이 점으로 보일 것이다. 틈의 개수, 즉 틈 사이의 거리에 따라 스크린 위에 보이는 점의 모양과 위치도 달라진다.

고체 상태의 결정에 엑스선을 쏘게 되면 원자가 이 틈의 역할을 한다. 원자에 맞아 회절된 엑스선은 뒤로 퍼져 나가고, 여기에 각각 다른 원자와 맞고 회절한 엑스선이 서로 간섭한다. 이 간섭무늬가 스크린에 맺히게 되는데, 간섭무늬의 모양과 위치를 분석하면 결정의 구조가 어떤지 정확히 알 수 있다. 이렇게 하나씩 쌓아 합성한 박막을 측정할 때면 마치 학창 시절 문제집 뒤쪽에 있던 해답지를 뒤적이며 정답을 맞추어 보던 때와 똑같은 기분이 든다. 과연 오늘의 물질은 잘 만들어졌을까?

| 출장 2 |
프랑스에서 열린
여름날의 워크숍

_방사광가속기, '와인의 눈물', 스핀 밸브

기차를 타고 그르노블에 오는 길은 쉽지 않았다. 프랑스 남부에 있는 이 도시에 오기 위해 이 뜨겁고 무더운 여름날, 아홉 시간의 대장정 속 몇 번이나 환승했는지 모른다. 오랜 시간을 가만히 앉은 채로 오느라 좀이 쑤셨는데, 그래도 역에 내려 작은 도시의 풍광을 보니 여독이 조금은 풀리는 듯하다.

처음 이곳에 왔을 때 본 광경이 아직도 잊히지 않는다. 도시를 성벽처럼 두른 웅장한 알프스산맥과 도시 가운데를 가로지르며 달리는 작은 강, 연홍빛 노을 아래 그 위를 줄지어 지나는 작은 공 모양의 케이블카를 보며 벌어진 입을 다물 수 없었다.

세상에서 가장 강력한
빛을 만드는 곳

　그르노블은 자주 방문하는 출장지다. 그 덕분에 기차에서 내려 트램을 타러 가는 내 발걸음에도 망설임이 없다. 지금도 얼른 숙소에 가서 짐을 내려놓고 이 긴 여정을 끝내고 싶을 뿐이다. 기차역에서 출발한 트램이 곧게 뻗은 선로를 달린다. 창밖으로 알프스산맥과 각종 연구 시설이 겹친 풍경을 보고 있으면 언제나 묘한 기분이 든다. 이렇게 달리다 보면 어느새 노선 끝에 있는, 웬만한 대학 캠퍼스보다 큰 연구단지가 등장한다.

　사실 유럽에서 활동하는 과학자들에게 그르노블은 특별한 곳이다. 런던처럼 거대 연구단지가 있기 때문이다. 유럽연합 방사광가속기ESRF를 중심으로 중성자 반응로, 구조생물학 연구시설, 고자기장 연구시설 등이 몰려 있다. 연구단지 중에서도 특히 방사광가속기가 있는 시설은 세계에서 가장 밝은 빛을 만드는 곳인데, 공중에서 보면 둘레 길이만 무려 844미터에 달하는 엄청 큰 고리 모양을 하고 있다. 그래서 지상에서 눈으로 볼 수 있는 부분도 극히 일부에 불과하다. 그저 완만한 곡선을 그리고 있는 외벽만이 시설의 거대한 크기를 가늠할 수 있게 도와줄 뿐이다.

과학자들은 역과 가까운 '역세권' 연구소보다 주변에 가속기가 있는 '가세권' 연구소에 더 끌린다. 이곳에도 유럽 전역에서 다양한 분야를 연구하는 여러 과학자가 모였다. 나도 이번에는 러시아 출신, 이탈리아 출신 연구자들과 함께 왔다.

방사광가속기는 이름만 보면 마치 SF 영화에서 악당을 물리칠 수 있는 최첨단 병기 같은 느낌이다. 섬광을 뿜어내며 공중에 떠 있는 악당의 우주선을 격추시키는 그런 무기 말이다. 그러나 실제로는 방사광가속기를 무기로 사용할 가능성은 희박하다. 그렇다면 어디에 쓰는 장치일까?

여느 어려운 이름들이 으레 그렇듯 잘 읽어보면 이 장치의 정체를 알 수 있다. 방사광가속기는 말 그대로 전자를 '가속'시키고, 가속시킨 전자를 통해 '방사되는 빛'을 생산하는 장치다. 현재 가장 보편적으로 사용하고 있는 것은 유럽연합 방사광가속기를 포함한 3세대 가속기다. 3세대 가속기는 크게 세 부분으로 구성되어 있다. 전자를 가속시키는 가속기, 가속된 전자를 저장하는 저장 고리, 가속된 전자를 이용해 빛을 방사시키는 언듈레이터undulator다.

전자의 속도를 빠르게 하려면 힘이 필요하다. 가속기에서는 전자가 지나는 궤도에 전압을 걸어 전기장을 만들고 이를 이용해 전자의 속도를 빠르게 한다. 처음에 전자는 직선 모

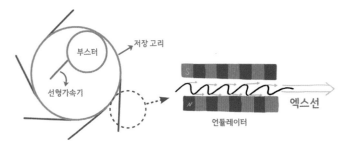

단순화한 3세대 가속기 구조

| 그림 24 |

양의 선형가속기에서, 이후에 '부스터'라고 불리는 원형 장치에서 속도가 붙기 시작한다. 속도가 빨라진 전자는 빛을 만들기 위한 언듈레이터로 투입되기 전 저장 고리에서 대기한다. 전자들이 계속 달리는 상태에서 대기해야 하므로 상자에 쌓아 담아둘 수는 없다. 대신 원형 경주장에서 뱅글뱅글 돌도록 가두어두는데, 이 원형 경주장이 저장 고리다. 저장 고리는 가속기 전체에 전자를 배분해 주어야 하기에 [그림 24]에서 보듯 가장 크다.

　빠른 속도로 저장 고리를 도는 전자를 빼내어 언듈레이터에 투입하면 빛을 만들기 위한 마지막 단계에 진입한다. 지구의 자기장이 전자를 휘게 만들어서 오로라가 보이는 것처럼 전자가 자기장에 갇히면 힘을 받아 경로가 휘게 된다. 그 힘을 '로런츠Lorentz힘'이라고 한다. 언듈레이터 안에도 N극과 S극이 번갈아 가며 배열되어 있다. 저장 고리 안을 돌던 전자가 언듈레이터에 들어가면 좌우로 경로가 휘면서 물결치듯 움직이게 된다(언듈레이터의 'undulate'는 '물결치다'라는 의미의 영단어다). 이 과정에서 전자는 방사된 빛을 방출한다.

빛을 만들어내는 데 이런 복잡한 과정이 필요하다니, 조금 과하다고 생각할지도 모른다. 물론 백열전구나 LED를 비롯해 다양한 광원들이 빛을 만들어내지만 방사광가속기가 만드는 빛은 그 세기가 월등히 높다. 특히 엑스선 영역에서는 다른 어떤 방식보다도 강력한 빛을 만들어낼 수 있는데, 그래서 엑스선을 활용한 실험에서는 방사광가속기를 사용하는 것이 필수다.

이번 출장은 내가 방사광가속기를 사용하러 온 것도 아닌데, 워낙 내 마음을 빼앗는 멋진 시설이다 보니 또 이렇게 구구절절 말이 길어진다. 사람이 많이 사는 도시인 슈투트가르트에는 방사광가속기가 없다. 그래서 종종 엑스선을 사용해 실험할 때는 그르노블이나 함부르크 같은 곳으로 출장을 가야 한다. 그럴 때면 나도 간절하게 '가세권'에서 일하고 싶은 마음이 드는 것이다.

와인의 눈물 ●

　방사광가속기를 지나 연구단지 안에 있는 숙소에 도착했다. 침대와 책상만으로도 가득 차는 작은 방이지만 어차피 잠만 잘 숙소라 상관없다. 짐을 내려놓고 함께 온 동료들과 저녁을 먹기 위해 길을 나섰다. 자주 오는 곳인 만큼 단골 식당도 있다. 그 식당의 이름을 직역하면 '삼촌네 주방'쯤 된다. 작은 식당이지만 타르타르스테이크를 아주 맛있게 한다. 익히지 않은 소고기를 잘게 썰어 만든 요리인데, 외국에서 육회가 그리울 때 먹으면 헛헛한 마음도 달랠 수 있다.

　붉은색 간판을 단 식당에 들어가 음식을 주문했다. 메뉴는 당연히 모두 타르타르스테이크다. 나는 술을 즐기는 편은 아니지만, 그래도 소고기 요리를 먹을 때 레드와인을 곁들이면 맛의 시너지가 커진다. 게다가 여기는 세계 최고의 와인을 생산하는 프랑스 아닌가! 지금 와인을 같이 주문하지 않는다면 음식에 대한 모독이다. 종업원에게 추천받은 질 좋은 와인도 한 병 같이 주문했다.

　병을 기울이니 짙은 붉은색 액체가 '울컥' 하고 유리잔 속으로 쏟아져 나온다. 갓 따른 와인은 바로 마시지 말고, 잔을 돌려가며 공기 중의 산소와 반응시키면 맛도 훨씬 부드러워지고 색도 더 밝아진다. 맛에 진심인 사람들은 와인이 공기와 만나는 표면적을 넓히기 위해 '디캔터decanter'라는, 밑이 넓고 오리처럼 생긴 병에 와인을 미리 따라 놓기도 한다.

마시기 전 유리잔을 돌리니 이 붉은색 액체가 훑고 지나간 자리에 투명한 막이 남는다. 그리고 시간이 조금 더 지나니 투명한 액체가 방울져 떨어졌다. '와인의 눈물' 혹은 '마랑고니Marangoni 효과'라고 하는 이 현상은 와인 말고도 다른 높은 도수의 술에서 쉽게 볼 수 있다. 드라마 속 주인공이 포도주스로 만든 가짜 와인을 마실 때 묘한 위화감이 드는 이유는 바로 이 때문이다. 진짜 와인이라면 잔이 눈물을 흘려야한다.

와인을 만들 때 많은 정성이 들어가지만, 결국 와인은 86퍼센트의 물과 12퍼센트의 에탄올, 2퍼센트의 다른 물질들이 섞인 혼합물이다. 2퍼센트의 '불순물'이 와인의 맛을 결정하지만 그래도 와인의 물리적 성질을 지배하는 것은 물과 에탄올이고, 물과 에탄올 같은 액체의 물리적 성질을 지배하는 것은 분자들 사이의 상호작용이다. 그래서 와인의 눈물에는 적어도 세 가지 물리학적 '사연'들이 얽혀 있다.

와인의 눈물에 얽힌 첫 번째 사연은 물과 에탄올의 증발속도 차이다. 물의 끓는점이 100도인 데 비해 에탄올의 끓는

점은 78도에 불과하다. 에탄올 분자들의 결합보다 물 분자들의 결합이 더 강하다는 의미다. 서로를 약하게 붙잡고 있는 에탄올 분자들은 상온에서도 쉽게 떨어진다. 그만큼 물보다 훨씬 빠르게 증발한다.

두 번째 사연은 표면적의 증가다. 증발은 앞서 계속 보았듯 물질의 표면에서 일어나는 현상이다. 그러니 그 물질의 부피보다 표면적이 넓으면 증발은 더 빠르게 일어난다. 잔 안에서 와인을 굴리면 표면적이 늘어난다. 잔의 중심에서 멀어지며 높이 솟아오를수록 더 얇게 늘어나고, 끝부분으로 갈수록 부피 대비 표면적 비율이 증가한다. 그래서 회전하며 얇게 퍼진 와인은 알코올 성분이 많이 증발하게 되고, 해당 부분의 알코올 농도도 급격히 낮아진다.

세 번째 사연은 표면장력의 차이다. '표면장력'이란 액체의 표면에서 작용하는 힘이다. 물방울의 모양이 둥근 것도, 소금쟁이가 물 표면에 뜰 수 있는 것도 모두 표면장력 덕분이다. 하지만 사실 나는 이런 현상들을 표면장력만으로 설명하는 것을 좋아하지 않는다. 대표적인 청소년 과학 잡지 《과학동아》의 애독자였던 시절부터 액체가 연루된 많은 현상을 표면장력으로 소위 '퉁치려던' 글을 많이 보았기 때문이다. 만병통치약처럼 쓰이는 이 단어가 내게는 너무 두루뭉술하게 느껴지고는 했다.

그러니 잠깐 표면장력이라는 말을 잊자. 미시적 관점에서 보면 표면장력보다는 분자 간 힘의 문제다. 물 분자들끼리 서로 강하게 끌어당기면서 뭉치려고 하는 경향이 크기 때문이라고 하는 것이 더 자연스럽다. 에탄올 분자보다 더 강하게 결합하는 물 분자는 분자들끼리 서로 뭉치려는 경향도 더 크다.

이제 이 세 가지 사연을 모두 조합해 보자. 에탄올이 증발하며 유리잔에 생기는 얇은 와인 막은 위로 갈수록 물의 함량이 높아진다. 물의 함량이 높아지니 물 분자끼리 서로 끌어당기는 힘도 세지고, 뭉치려는 경향도 커진다. 그러다 보면 중력을 거슬러서 물의 함량이 높은 위쪽으로 물 분자들이 서로 끌어당기며 올라가는 지경에 이르게 된다. 이렇게 빨려 올라간 물 분자들은 서로 더 뭉치게 되고, 무게가 무거워지면 물방울이 되어 눈물처럼 떨어진다.

와인의 눈물을 쳐다보다가 정신을 차리고 보니 어느새 동료들이 높이 잔을 들고 있다. 잔을 부딪치니 식당에 맑은 소리가 울려 퍼진다. 독일에서는 전통적으로 건배할 때 서로의 눈을 쳐다보아야 한다. 맛있는 타르타르스테이크를 먹으며 와인을 마실 생각에 우리의 눈은 모두 기쁨을 감추지 못하고 있었다.

전류를 조종하는 자석 ●

　만족스러웠던 저녁 식사를 마치고 숙소로 돌아가기 위해 강변을 따라 걷는 길에 어둠이 앉았다. 알프스산맥 꼭대기의 만년설이 녹아서 흐르게 된 이제르강은 핵반응 시설 등 실험시설들의 냉각수로 사용될 만큼 차갑고 수량水量도 풍부하다. 숙소로 돌아와 잠을 청하려는데, 오랜만에 몸속에 알코올이 들어가서 그런지 영 잠이 오지 않는다. 평소처럼 스마트폰으로 팟캐스트를 틀어놓아도 여전히 잠을 이룰 수가 없다. 어떤 사람들은 술을 마시면 금방 곯아떨어진다고 하던데, 어쩐지 나는 그 반대. 무슨 수를 써도 잠이 오지 않으니 이렇게 된 이상 노트북을 켜 내일 일정을 미리 확인하기로 했다.

　내가 이 먼 그르노블까지 온 이유는 타르타르스테이크나 이제르강 때문이 아니다. 내일 열리는 워크숍에 참석하기 위해서다. 무더운 여름에 열리는 이 워크숍의 주제는 '자기메모리MRAM'다. 자기메모리는 물질의 자기적 성질을 이용해 정보를 저장하는 신기술이다. 기존 반도체 소자들은 전자의 여러 성질 중에서 정전기와 관련된 '전하'만을 활용했다. 삼성전자나 SK하이닉스가 세계 시장을 석권했던 '동적램DRAM'이나 '플래시메모리' 같은 반도체 소자도 마찬가지다.

전자에는 전하 외에도 '스핀'이라는 물리적 성질이 있다. 스핀 덕분에 물질은 다양한 자기적 성질들을 가질 수 있다. 스핀을 적극적으로 활용하지 못했던 기존 소자는 전자의 잠재력을 절반도 안 되게 사용하고 있는 셈이다. 자기메모리는 소자 안에 있는 아주 작은 자석의 방향을 이용해 정보를 더 안정적으로 저장할 수 있는 기술이다. 한국에서도 반도체 기업들이 생산하고 있는데, 가격 등의 이유로 개인용 컴퓨터보다 자동차·해양·우주 산업 등 가혹한 조건에서 필요한 고사양 기기에 주로 사용되고 있다.

물질의 자기적 성질을 적극적으로 활용하게 되면서 전자 부품들의 소형화도 가능해졌다. 우리가 스마트폰이나 노트북을 사용하는 것도 물질의 자기적 성질 덕분이다. 과거에는 정보를 저장하기 위해 대부분 하드디스크 드라이브를 사용했다. 이 드라이브에는 냉장고 자석을 들고 다니며 살펴보았던 강자성체가 얇게 발린 디스크가 들어 있다.

이 디스크에 있는 작은 원자 자석들의 방향을 이용해 디지털 정보가 담긴 '비트bit'를 저장하거나 읽을 수 있다. 초기 하드디스크 드라이브는 크기가 컸지만 저장할 수 있는 정보량이 많지 않았다. 세탁기만 한 덩치에 사진 한 장도 저장할 수 없는 것이다. 하드디스크 드라이브는 디스크에 물리적으로 자기 정보를 새기는 방식이었기 때문에 비트 하나의 크기를 작게 새겨 넣으면 정보량의 밀도를 충분히 더 높일 수 있다. 하지만 이렇게 작게 새겨진 비트의 패턴에서는 정보를 읽어 낼 수 없다는 점이 문제였다. 비트의 크기가 작아질수록 읽어내기 위한 신호도 작아지기 때문에 작아진 패턴에 정보를 저장하는 일은 거의 불가능했다.

이런 문제를 해결한 것이 바로 미국의 IT 기업인 IBM에서 개발한 '스핀 밸브'라는 장치다. '밸브'는 우리가 흔히 아는, 유체의 흐름을 조절하는 장치다. 도시가스를 사용하는 가정이라면 가스를 쓰지 않을 때 밸브를 잠가 가스를 차단했던 경험을 해보았을 것이다. 스핀 밸브도 마찬가지로 물질의 스핀을 이용해서 전류의 흐름을 조절하는 장치다.

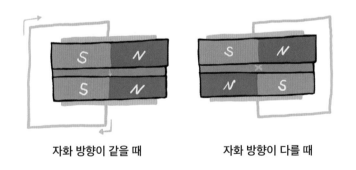

자화 방향이 같을 때　　　　**자화 방향이 다를 때**

| 그림 25 |

[그림 25]는 스핀 밸브의 기본 형태를 그린 그림이다. 얇은 자석층이 위아래로 두 줄로 놓여 있고, 그 사이에는 자기적 성질이 없는 물질이 끼워져 있다. 스핀 밸브는 두 자석층의 방향에 따라서 전류의 흐름이 달라지는 현상을 이용했다. 두 자석층의 자화磁化 방향이 같을 경우 전류가 흐르고, 다를 경우 전류의 흐름이 막힌다. 이 현상을 물리학에서는 '거대 자기저항효과'라고 한다. 1988년 이 현상을 발견한 독일의 물리학자 페터 그륀베르크Peter Grünberg와 프랑스의 물리학자 알베르 페르Albert Fert는 2007년 노벨물리학상 수상자가 되기도 했다.

스핀 밸브를 이용하면 디스크에 기록된 비트의 자기 정보를 읽을 수 있는 하드디스크 드라이브의 센서 민감도를 대폭 올릴 수 있다. 센서 아래에서 디스크가 돌아가면 그에 저장된 정보에 따라 스핀 밸브의 전류 흐름도 바뀐다. 이런 과정을 통해 하드디스크 드라이브에도 더 많은 정보를 저장할 수 있게 되었고, 소형화도 가능해졌다. 스핀 밸브 덕분에 하드디스크 드라이브가 작아지면서 노트북도 들고 다닐 수 있을 정도로 작고 가벼워졌고, 손안에 쏙 들어가는 아이팟에도 100기가바이트가 넘는 용량의 노래와 영상을 저장할 수 있게 된 것이다.

그르노블에는 스핀텍연구소라는 곳이 있다. 자기메모리를 비롯해 전자의 스핀을 활용한 소자를 연구하는 곳이다. 자기메모리는 스핀 밸브 자체에 정보를 제공하는 장치다. 스핀 밸브를 아주 작게 그리고 많이 만들어 배열하면 스핀 밸브 자체를 비트로 삼아 정보를 저장할 수 있다. 스핀 밸브를 처음으로 개발한 프랑스의 물리학자 베르나르 디에니Bernard Dieny가 설립한 이 연구소에서는 매년 자기메모리 워크숍이 열린다. 내일은 디에니의 강연까지 있는 날이다. 자기메모리 연구의 최전선에 있는 사람이 하는 강연이라니, 괜한 기대감 때문에 더 잠이 오지 않는 것 같다.

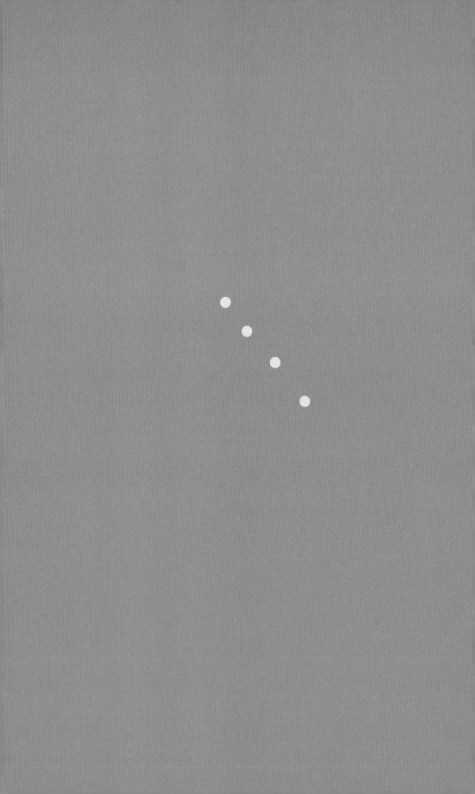

3

가을

Autumn

○

독일인을 '숲의 민족'이라 부를 만큼

숲은 독일인의 정체성 그 자체다.

계절마다 각기 다른 매력을 보여주지만,

나는 가을의 숲을 제일 좋아한다.

연구소 동료들과도 종종 뒤편에 있는 숲을 산책하는데,

가을이면 떡갈나무에서 떨어진 낙엽들이 숲길을 켜켜이 덮는다.

바스락거리는 낙엽을 밟으며 이야기를 나누다 보면

어느새 대화 주제는 연구 논의로 이어지지만,

숲에서라면 몇 시간이고 할 수 있다.

숲의 대화에서 피어난 아이디어들은 점점 구체적으로 바뀌고,

어서 빨리 실험해 보고 싶어 몸이 근질거리기 시작한다.

그럴 때면 모두 어린아이처럼 설레는 마음을 부여잡고

다시 연구소로 발을 옮긴다.

전자,
에너지에
갇히다

_홀효과, 양자 홀효과, 초격자, 이종 구조

이른 새벽부터 부산하게 달리러 갈 준비를 했다. 9월에 아인슈타인의 고향인 독일 울름에서 '아인슈타인마라톤'이 열리는데 직장 동료와 함께 참가하기로 약속했기 때문이다. 그래서 마라톤을 완주하기 위해 매일 아침 연습을 같이하기로 했다. 오전 6시에 연구소 근처에 있는 대학의 육상 트랙에서 만나기로 했으니 어서 준비해야 한다. 퇴근 후 저녁에 연습하면 좋겠지만, 늦은 시간까지 실험이 계속될 때가 많아 그냥 이른 아침에 연습하기로 했다. 제대로 눈도 못 뜬 채 비몽사몽이지만 부리나케 운동복을 챙겨 입고, 모자를 푹 눌러쓰고, 주머니에 스마트폰을 찔러 넣고는 달리러 나갔다.

전기장에 자기장을
더하면

●

약속 장소인 대학은 연구소와 같은 동네에 있지만, 나는 주로 연구소 안의 실험실에 있기 때문에 그 곳을 방문할 일이 거의 없다. 오늘 동료와 함께 뛰기로 한 육상트랙이 있다는 사실도 이번에 처음 알게 되었다.

가까워도 초행길이니 스마트폰으로 구글 맵을 켜고서 천천히 걸었다. 걸어서 30분 정도 걸린다고 하니 달리기 전 워밍업으로는 괜찮은 거리다. 구글 맵에 GPS로 읽은 내 위치가 점으로 표시되고, 반투명한 파란 부채꼴 모양 아이콘이 내가 바라보는 방향을 가리킨다. 스마트폰을 든 채로 몸을 돌리면 이 부채꼴도 함께 돌아간다. 파란 부채꼴을 잘 따라가면 약속 장소를 찾는 것도 식은 죽 먹기다.

이번 봄에 결심했던 '1주 2회 달리기'를 실천할 때 스마트 워치를 이야기하다 GPS에 대해 살펴본 적이 있었다. 여러 대의 인공위성을 사용해 위치를 추적하는 GPS는 인공위성에서 쏘아 보낸 신호가 우리에게 닿을 때까지 걸리는 시간을 재고, 이를 이용해 거리를 계산해 낸 후 정확한 위치 정보를 얻어낸다. 하지만 GPS만으로는 우리가 바라보는 방향까지 측정할 수 없다. 뒤를 돌아본다고 해서 내가 서 있는 위치가 변하는 것은 아니기 때문이다.

내가 바라보는 방향까지 알려면 나침반 같은 도구가 필요하다. 오로라를 보러 갔을 때 알아보았듯 나침반의 바늘은 아주 작은 자석이라 지구의 자기장에 영향을 받아서 북극을 가리킨다. 지금 있는 장소에서의 북극 방향을 기준으로 스마트폰이 가리키는 방향과 비교하면 내가 바라보는 방향이 어느 쪽인지 알 수 있다. 하지만 스마트폰을 아무리 분해해 보아도 그 안에 나침반 역할을 할 바늘이 들어 있지는 않다. 대신 스마트폰은 지구의 자기장을 이용해 내가 바라보는 방향을 알아낸다. '홀Hall효과'라고 불리는 물리학적 원리를 이용해 자기장의 방향을 읽어내는 것이다.

어떤 물체에 전기가 흐를 수 있는 이유는 건전지 같은 전원을 물체에 연결하면 전기장이 형성되기 때문이다. 전기장의 힘을 받아 움직이는 물질 속 전자는 전압이 걸린 방향을 따라 운동한다. 그렇다면 [그림 26]처럼 위쪽에 N극, 아래쪽에 S극을 두어 추가로 자기장이 생기면 어떻게 될까?

자기장은 전자의 진행 방향을 바꾸어 전자가 방향을 옆으로 틀도록 만든다. 자기장의 영향으로 휘어진 물질 속 전자들은 한쪽으로 몰려서 축적된다. 축적된 전자의 전하들 때문

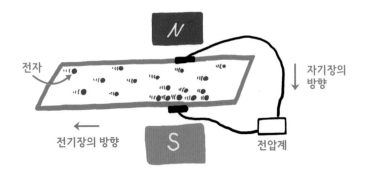

| 그림 26 |

에 [그림 26]에서는 왼쪽에서 오른쪽으로 전하가 흐르는 '전기장'이 형성된다. 이렇게 전류가 흐르는 상태에서 '자기장'에 의해 수직 방향의 전기장이 형성되는 현상이 바로 홀효과다.

홀효과로 인해 생기는 전압을 측정하는 일은 어렵지 않다. 전압계를 이용해 전압을 건 방향과 자기장의 방향 모두와 수직이 되는 방향으로 생기는 전압을 측정하면 된다. 만약 자기장이 없는 상태라면 전압이 수직으로 생기지 않지만, 자기장의 세기가 강해질수록 홀효과로 인해 생기는 전압도 높아진다. 이때 자기장의 방향이 반대로 바뀌면 전압의 방향도 반대로 바뀌며 수직의 전압이 생긴다. 실제로는 더 정밀한 측정을 위해 가속기 센서와 자이로스코프gyroscope라는 장치를 사용하기도 한다.

반도체의 경우 평평한 판형이라 위아래 방향의 자기장만 측정할 수 있다. 하지만 반도체에 세 개의 소자를 각각 위, 아래, 옆 방향으로 두고 X, Y, Z, 세 개의 축을 측정하도록 하면 3차원으로 자기장의 방향을 알 수 있다. 홀효과를 이용해 지구의 자기장 방향을 측정하는 센서를 '홀센서'라고 하는데, 스마트기기를 비롯한 다양한 기계에 사용되고 있다.

홀센서는 자기장의 방향뿐 아니라 세기도 측정할 수 있다. 그래서 정확한 자기장의 방향과 세기를 모두 측정해야 할 때도 사용한다. 예를 들어 자기장이 여러 방향에서 고른 세기로 정밀하게 분포되어야 하는 MRI 같은 장비를 만들 때도 홀센서로 장비 안 자기장의 분포를 측정하여 만든다.

나도 GPS와 홀센서의 도움을 받아 걷다 보니 금방 약속 장소에 도착했다. 멀리서 본 동료는 이미 도착해서 몸을 풀고 있다. 빨리 가서 달리기를 시작해야겠다.

물리학이 만든 단위의 기준

여러 마라톤 중 메인은 단연 42.195킬로미터를 달리는 '풀코스' 마라톤이다. 나는 아직 초보 러너라 그렇게 긴 거리를 달리는 것은 꿈도 못 꾸고, 대신 그보다 조금 작은 이벤트인 '10킬로미터' 마라톤 완주가 목표다. 그래서 동료와는 매일 아침 쉬지 않고 5킬로미터를 달리기로 연습량을 정했다.

보통 숲속에서 5킬로미터 정도를 달릴 때는 거북이처럼 느린 속도로 달리기 때문에 40분 가까이 걸린다. 이렇게 본격적인 육상트랙에서 달리는 것은 고등학생 때 이후로 처음인 듯싶다. 마치 자기장에 갇힌 전자처럼 뱅글뱅글 트랙을 돌다 보니 연습량을 금방 채웠다.

달리기가 끝나고 얼얼해진 다리를 붙잡으며 버스에 올라 연구소로 출근했다. 현관 로비에 전시된 분자선 에피택시가 보인다. 오랜 시간 박막을 만드느라 쉬지 않고 일했을 이 장비는 깔끔하게 절단되어 내부를 들여다볼 수 있는 전시용으로 다시 태어났다. 오랫동안 이 자리를 지켜온 전시물인데도 볼 때마다 언제나 눈을 뗄 수가 없다.

전시된 장비 뒤로 넓은 벽면에 거대한 조형물이 걸려 있다. 이 조형물은 막스플랑크연구소 출신 독일의 노벨물리학상 수상자 클라우스 폰 클리칭Klaus von Klitzing의 업적을 기리기 위해 만든 조형물이다. 폰 클리칭은 '양자 홀효과'를 세계 최초로 발견했는데, 이 조형물은 그때 그가 측정에 사용한 시료의 모습을 본따서 만들었다.

노벨상은 그 자체로 사람들의 주목을 많이 받지만, 실제로 노벨상을 탄 사람이나 그 사람의 업적에 대해 사람들이 얼마나 알고 있을지는 모르겠다. 거의 스타에 가까웠던 아인슈타인 같은 물리학자들이나 자신의 이름을 딴 법칙이 있는 수상자들은 알겠지만 여전히 누가 누군지 절반, 아니 반의반도 모르는 사람들이 대부분일 것이다. 처음 노벨상이 수여된 1901년 이후 세계대전이 발발한 해를 제외하고는 거의 매년 최소 한 명 이상은 노벨물리학상을 받아왔으니, 2025년 기준으로 수상자는 226명이나 되는데 말이다. 노벨물리학상을 수상한 발견을 몇 가지만 꼽아보아도 양자 홀효과, 파란빛을 내는 LED, 거대자기저항효과, 터널링 다이오드, 반도체레이저 등 모두 학술적으로 가치 있을 뿐 아니라 인류의 삶을 바꾼 기술로 이어진 발견들이다.

　하지만 부끄럽게도 나 또한 물리학자임에도 모든 노벨물리학상 수상자의 이름과 업적을 알지는 못한다. 그래도 이 중 '양자 홀효과'는 물리학에서 가장 중요한 발견이기에, 지금 이 책을 읽는 사람이라면 책을 덮고 나서도 꼭 기억해 주었으면 좋겠다. 게다가 이 발견은 지금도 계속해서 우리 삶에 영향을 끼치고 있으니 말이다.

　양자 홀효과는 반도체에서 홀효과를 측정하던 중 발견된

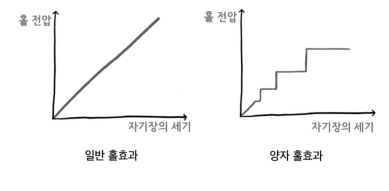

일반 홀효과   양자 홀효과

| 그림 27 |

현상이다. 앞서 홀효과를 살펴보았으니 물체에 전기장과 자기장을 만들어주면 수직 방향으로 전압이 생긴다는 사실을 잘 알 것이다. 이 전압은 자기장의 세기가 강해질수록 함께 높아지는데, 간단한 그래프로 그려보면 [그림 27]의 왼쪽 그림과 같은 그래프가 된다.

하지만 분자선 에피택시를 사용해서 시료를 아주 얇게 만들고, 질소가 액화하는 4.2켈빈까지 온도를 아주 낮춘 후 자기장을 아주 세게 걸어주면 또 다른 현상을 관찰할 수 있다. 자기장의 세기에 비례해 그래프가 우상향으로 곧게 올라가는 것이 아니라 [그림 27]의 오른쪽 그림처럼 중간중간 평평해지는 구간이 발생하는 것이다. 고전물리학에 기반하는 일반 홀효과로는 이해할 수 없는 이상한 현상이다.

폰 클리칭은 이 현상이 반도체 소자 안에 흐르는 전자들의 양자화된 에너지 때문이라는 사실을 알아냈다. 우리가 한여름 시원한 마트에서 레이저를 사용해 '빛의 속도'로 상품의 바코드를 스캔할 때 에너지 양자화에 대해 살펴보았던 것이 기억나는가? 전자는 원자나 분자 등에 갇힐 때 에너지가 양자화된다. 자유롭게 움직이는 상태라면 전자의 에너지는 양자화되지 않는다. 다시 말해 양자 홀효과를 발생시키는 전자들도 갇혀 있는 상태기는 하다. 다만 우리가 이전에는 생각하지 못했던 방식으로 갇혀 있는 것이다.

우선 전자는 공간적인 측면에서 보면 2차원에 갇혀 있는 것이나 다름없다. 진정으로 자유로운 전자라면 앞, 뒤, 왼쪽, 오른쪽, 위, 아래, 모든 방향으로 제약 없이 움직일 수 있어야 한다. 하지만 아주 얇고 평평한 반도체 소자 안의 전자는 위와 아래로 움직이는 데 제약이 있다. 그러니 한 방향으로 갇혔다고 볼 수 있다.

자기장도 전자를 가두는 것은 마찬가지다. 자기장을 강하게 걸면 오로라 때처럼 전자는 자기장의 방향을 축으로 삼아 원을 그리며 뱅글뱅글 돌면서 갇히게 된다. 물론 이렇게까지 작은 규모에서는 양자역학을 활용해야 하므로 '뱅글뱅글 돈다'라는 말이 엄밀히 따지면 정확한 표현은 아닐 수도 있지만, 확실한 것은 자기장으로 인해 전자가 일정 궤도 안에 갇힌다는 사실이다. 이처럼 움직임에 제약이 걸린 채 모든 방향에서 갇히게 되면서 전자는 마치 원자나 분자 안에 갇힌 전자처럼 불연속적인 에너지를 가질 수 있는 상태가 된다.

양자 홀효과로 생기는 그래프의 평평한 구간은 별것 아닌 것 같아도 물리학뿐 아니라 인류의 삶 전체에 큰 영향을 미치고 있다. 과학, 공학, 경제학까지 총망라하는 그 '영향'이란 바로 단위의 표준이다.

예를 들어 1킬로그램이란 무게 혹은 1미터라는 길이에 국제적인 합의가 이루어져 있지 않다면 세상은 그야말로 난장판이 될 것이다. 이를 방지하기 위해 전 세계 국가들이 모여 국제단위계에 합의하며 단위의 표준을 세웠다. 그 덕분에 우리는 어디를 가도 같은 기준으로 물건을 사고, 제품을 수출하고, 자원을 수입할 수 있게 되었다.

이전에는 무게의 경우 무게 단위의 표준이 될 원기原器를 만들고 이 복사본을 전 세계에 보내 무게 단위의 표준으로 삼았다. 길이도 비슷한 방식으로 단위의 표준을 정했다. 하지만 이런 방식에는 문제가 있었다. 기준이 되는 물체가 오염되거나 물체 속 물질이 변질되면 무게와 길이의 표준이 또 바뀔 수 있기 때문이었다.

그래서 국제도량형위원회에서는 양자역학과 상대성이론 등 물리학에서 나오는 변하지 않은 기본상수의 값들을 기준으로 단위를 새로 정의하기로 했다. 양자 홀효과는 '폰클리칭상수'라고 하는 기본상수의 값을 정확하게 잴 수 있다. 국제적인 표준에 따라 이 상수의 값은 고정되어 있기 때문에 오차도 발생하지 않는다. 그래서 지금은 폰클리칭상수를 정확히 측정하는 것이 전기저항의 단위인 '옴(Ω)'의 기준이 되었다. 전 세계에서 전기저항을 측정할 때 그 단위의 표준이 폰클리칭상수의 값에 따라 결정되는 것이다. 이외에도 초, 미터, 킬로그램 등 우리가 사용하는 익숙한 모든 단위의 표준이 기본상수를 통해 새로 정의되었다.

국제단위가 새로 정의되었을 때 폰 클리칭은 막스플랑크 연구소에서 여러 차례 강연했다. 당시 학생이었던 나는 졸업에 쫓겨 그것이 얼마나 대단한 일인지 체감하지 못했다. 하지만 그는 이 일이 자신의 업적에서 가장 흥분되는 순간이라고 말했다. 이제 나는 연구소 현관 로비를 지날 때마다 항상 생각한다. 나도 저렇게 세상을 놀라게 할 만한 그리고 세상을 새로 정의할 수 있을 만한 발견을 하면 좋겠다고.

겹겹이 쌓으면
더 맛있어진다

●

　실험실에서 일을 하고 있는데, 누군가 문을 벌컥 열고 들어왔다. 10년 가까이 친구로 지내던 옆 연구팀의 직장 동료였다. 튀르키예 출신인 그 친구는 고향에서 여름휴가를 보내고 돌아올 때마다 언제나 양손 가득 바클라바를 가져온다. 바클라바는 버터, 설탕시럽, 피스타치오가 듬뿍 들어간 디저트다. 재료만 보아도 알 수 있듯 달고 맛있다. 게다가 오늘 나는 아침부터 운동을 해서 당이 떨어지던 참이었다.

　바클라바를 만드는 데는 많은 정성이 들어간다. 뒤가 비칠 정도로 얇게 늘인 반죽에 녹인 버터를 발라 수십 장을 겹쳐 쌓는데 중간중간 피스타치오를 넣는다. 화덕에서 반죽을 구운 뒤 다시 뜨겁게 녹인 버터와 설탕시럽을 발라 완성한다. 반죽들을 거의 40장이나 겹쳐 만들지만 막상 구워낸 결과물을 보면 그 두께는 겨우 손가락 한 마디 정도에 불과하다. 잘 만든 바클라바의 윗부분은 바삭하고, 아랫부분은 버터와 설탕시럽을 머금어 달고 부드럽다. 듬뿍 들어간 피스타치오 덕분에 고소한 맛까지 난다. 여기에 베어 물었을 때 겹겹이 쌓인 얇은 반죽들의 질감까지 더해져 식감도 좋다. '단 것 마니아'인 내가 좋아하지 않을 만한 이유가 없다.

사실 내가 바클라바를 진정으로 좋아하게 된 이유는 다른 데 있다. 수십 장의 반죽이 겹쳐진 바클라바의 단면을 보면 마치 '초격자' 같은 '이종 구조'가 연상되기 때문이다. 우리가 연필로 글을 쓸 수 있는 이유를 말하며 판데르발스 결합을 말할 때 살펴보았듯 원자들이 규칙적으로 배열되어 만들어진 구조를 격자 구조라고 한다. 물질의 격자 구조는 높은 온도에서 물질을 합성할 때 원자들이 자기 자리를 알아서 찾아가며 형성된다. 사실 자연은 질서 있는 상태를 그다지 좋아하지 않는다. 하지만 물질을 합성하기 위한 특정 조건에서는 원자들이 결합하며 놀랍도록 정확하게 배열된다.

초격자는 영어로 'superlattice'라고 하는데, 물질의 고유한 격자 구조가 아닌 인간이 인공적으로 만든 격자 구조를 의미한다. 예를 들어 [그림 28]과 같이 내가 물질 A와 물질 B를 기판 위에 규칙적으로 번갈아서 쌓으면 물질이 갖고 있던 고유한 격자 구조 외에 더 큰 구조의 주기가 생기게 되는데, 이것이 초격자다. 초격자는 여러 종류의 물질을 접합해 만드는 이종 구조에 속한다. 얇은 반죽과 녹인 버터, 피스타치오를 번갈아 가며 쌓은 바클라바도 이종 구조다. 왜인지 다양한 재료를 이용해 이종 구조로 만들어진 간식은 더 맛있게 느껴진다.

특히 반도체에서 이종 구조는 각종 소자들을 만드는 핵심이다. 다른 종류의 물질들을 접합해 경계면을 만들고, 나노

물질 A
물질 B

기판

| 그림 28 |

미터 단위로 바뀌는 복잡한 층상 구조를 만드는 일은 쉽지
않다. 그나마 원자를 한 층씩 쌓을 수 있는 장비인 분자선 에
피택시가 개발된 덕분에 초격자를 활용한 많은 반도체 관련
연구가 진전될 수 있었다. 대표적으로 이종 구조 박막 기술
은 물리학적으로나 기술적으로도 다양한 발전을 이끌었다.
사실상 지금의 고체물리학도 이종 구조 박막 기술이 대성공
한 덕분에 존재하는 것이라 말할 수 있을 정도다.

그런데 단순히 물질을 쌓는 일이 어떻게 새로운 물리 현
상의 발견으로까지 이어질 수 있었을까? 우리는 주방에서 양
파와 치즈를 익혀서 접시에 올려놓기만 한 것을 보고 요리라
고 하지는 않는다. 양파와 치즈가 상호작용하여 전혀 새로운

맛의 시너지를 창조해 낼 때 우리는 비로소 그것을 요리라고 부른다. 이종 구조도 서로 다른 물질들을 접합하여 단순히 각 물질의 성질만을 이용하는 것이라고 한다면 큰 가치가 없다. 여러 물질을 겹겹이 쌓았을 때 전혀 예상하지 못했던 양자역학적 현상이 발생하기 때문에 이종 구조가 의미를 갖는 것이다.

이종 구조의 가장 간단한 예로는 '피엔p-n접합'이 있다. '피형반도체'와 '엔형반도체'는 따로 떼어내서 각각 살펴보면 별로 특별하지 않은 반도체다. 피엔접합은 두 물질이 경계면을 이루고 있기에 가능하지만, 반도체 물질의 띠간격band gap을 이용하기도 한다. 그러니 반도체의 고유 성질에서 크게 벗어났다고는 할 수 없다. 하지만 초격자를 이용하면 반도체의 고유 성질을 벗어나 순수하게 전자의 행동만을 제어할 수 있게 된다. 두 반도체를 접합시키면 전기를 이용해 빛을 만들고, 태양광을 통해 전기를 만드는 등 다양한 현상이 발생하는 구조로 변한다.

대학에서 양자역학을 처음 배웠을 때 가장 먼저 마주한 연습 문제는 '1차원 상자 안의 입자' 문제였다. 전자는 넓은 공간에 있을 때 우주를 돌아다니는 공처럼 자유롭다. 빛보다 빠르지만 않다면 속도 측면에서도 제약을 받지 않는다. 하지만 이런 전자를 '1차원 상자' 안에 가두면 상황이 달라진다. 우리는 원자나 분자 안에 갇힌 전자의 에너지가 양자화된다는 것을 안다. 이런 현상은 양자역학에서 전자의 움직임을 기술하는 방정식인 '슈뢰딩거방정식'으로 표현할 수 있는데, 1차원이라는 상황을 전제하여 슈뢰딩거방정식을 풀면 전자가 갖는 에너지와 속도가 양자화된다는 것을 알 수 있다.

공대생들에게 이 연습문제는 슈뢰딩거방정식을 푸는 방법도 연습하고, 양자화된 에너지를 확인할 수도 있는 좋은 기회다. 원자에 갇힌 전자의 에너지를 계산하는 문제도 사실상 이 문제를 복잡하게 만든 버전일 뿐이다. 아, 물론 이 연습문제에 나오는 '상자'는 우리가 실생활에서 쓰는 그런 상자가 아니다. 전자가 넘을 수 없는 '에너지벽'을 말하는 것이다.

갑자기 에너지벽이라니? 더 헷갈릴 수도 있겠지만, 전자가 옆으로 이동하는 것을 방해하는 물질이라면 무엇이든 에너지벽이 될 수 있다. 예를 들어 고전역학에서는 전자의 양 옆에 많은 수의 음전하가 있다면 전자기력이 생기며 음전하들이 전자를 밀어낸다. 이 경우 음전하들의 전자기력이 바로 에너지벽이 된다.

양자역학으로도 살펴볼까? 어떤 원자에 속한 전자가 옆 원자로 이동하려는 상황에서 그 원자의 에너지층이 다른 전자들로 이미 꽉 차 있고, 바로 위층마저 아주 높은 에너지가 있어야 이동이 가능하다면 이 에너지층 또한 에너지벽이라 할 수 있다. 이처럼 넘을 수 없는 높은 에너지벽 사이에 전자가 갇힌 상황을 물리학에서는 '양자 우물'이라고 한다.

세상은 3차원이고, 진정한 의미의 1차원은 현실에 존재하지 않으니 양자 우물은 단지 물리학 문제 안에서만 존재하는 개념이라고 치부할지도 모른다. 하지만 그렇지 않다. 반도체 이종 구조를 활용하면 얼마든지 현실에서도 1차원 양자 우물을 만들 수 있다. 심지어 방법도 간단하다.

우선 띠간격의 넓이가 서로 다른 두 개의 물질을 준비한다. 그리고 띠간격이 넓은 물질 사이에 띠간격이 좁은 물질이 들어가도록 이종 구조를 만들어주면 전자가 중간층에 갇히는 양자 우물이 만들어지고, 양자화된 전자의 에너지가 또 다른 층을 형성한다. 이렇게 만들어진 층 사이의 간격은 일반적인 반도체의 띠간격보다 훨씬 좁다.

규소Si나 갈륨비소GaAs 등 반도체의 띠간격을 만드는 물질들은 가시광선의 영역에 속한다. 그래서 상용화된 반도체레이저는 우리 눈에 보이는 색을 갖고 있다. 하지만 가시광선보다 에너지가 낮은 적외선 영역이나 테라헤르츠(㎔)파 영역의 물질은 의료·군사·반도체 산업 등 활용될 수 있는 분야가 많았음에도 이종 구조가 아니었기 때문에 반도체레이저를 만들 수 없었고, 다른 곳에 응용하는 것이 어려웠다.

하지만 양자 우물의 초격자를 활용할 수 있게 되면서 달라졌다. 앞서 살펴본 것처럼 양자 우물 현상을 이용하면 좁은 간격을 가진 에너지층을 만들어 이 에너지층 사이에서 양자가 전이되는 현상을 활용할 수 있게 된 것이다. 이처럼 여러 에너지층의 양자 우물 현상을 조합해서 만든 레이저를 '양자 캐스케이드 레이저quantum cascade laser'라고 하는데, 그 덕분에 기존에 만들기 어려웠던 적외선 영역이나 테라헤르츠파 영역의 레이저도 활용할 수 있게 되었다.

뛰어난 요리사는 아무리 지루해 보이는 재료라고 해도 다른 재료들과 조합하여 놀라운 맛을 찾아내는 법이다. 반도체도 그렇다. 물질 자체만 놓고 본다면 전기가 잘 통하지 않는 절연체지만, 각종 불순물을 조합하고 초격자 이종 구조 등의 다양한 기술들을 적용하면 이렇게 놀라운 '맛'을 창조해 낼 수 있다. 지금 내가 연구하는 양자 물질 박막도 재료들을 각각 따로 떼어 보면 초전도 현상, 양자 자성, 다양한 상전이효과까지 모두 화려한 성질을 가진 물질들이다. 반도체가 흔히 볼 수 있는 쌀이라고 한다면, 양자 물질들은 특별한 날에나 먹는 캐비어, 로브스터라고나 할까? 그래서 나는 앞으로 이 귀한 요리 재료인 양자 물질들이 우리의 삶에서 어떤 새로운 맛을 보여줄 수 있을지 기대하고 있다.

어느
가을날의
출근길

_빛의 산란, 광전효과, 초전도체

출근길에 불어오는 바람이 선선해진 것을 보니 이제 정말 가을이 맞는 것 같다. 매해 그랬듯 이번에도 가을은 갑자기 찾아왔다. 지겹도록 더워 대체 여름이 끝나기는 하는지, 지구온난화 때문에 이러다 여름이 끝나지 않는 것은 아닌지 생각하다 보면 어느 날 하루아침에 가을이 된다.

독일의 가을은 유난히 쓸쓸하다. 한국의 가을은 애국가에도 자랑스럽게 나오듯 높고 구름 한 점 없는 푸른 하늘을 배경으로 빨갛고 노란 단풍들이 지지만, 독일의 가을은 하늘부터 우중충해지기 시작한다. 구름이 낮게 깔린 독일의 가을 하늘에는 무거운 느낌이 가득하다.

파란 햇빛 ●

가을이라 하늘이 어두워질 때면 박사과정 때 함께 연구하던 러시아 출신 동료 물리학자가 생각난다. 나보다 한참 선배였는데, 그는 어두운 창밖을 바라보며 "날씨가 안 좋은 날에는 공부 말고 할 것도 없잖아. 이럴 때 연구해야 제맛이지"라고 말하며 분위기를 띄우고는 했다. 지금은 독일보다도 더 우중충한 가을 하늘을 보게 될 영국에서 일하고 있으니, 아마 매일 연구할 맛을 즐기고 있겠다.

아무리 날씨가 안 좋을 때 공부할 맛이 잘 난다고 해도 여름이 갓 지난 지금은 출근길에 만나던 한국의 높고 파란 가을 하늘이 그립다. 짙은 푸른빛의 그 하늘이 말이다. 사실 지구는 우주에 덩그러니 놓인 행성이니 하늘에도 검은색 우주 공간이 보여야 하는데, 하늘이 파란색을 띤다는 사실은 조금만 생각해 보면 이상하게 느껴진다. 물론 밤에는 컴컴한 하늘에 별이 떠 있으니 위를 올려다보았을 때 우주를 바라보는 것이 맞지만, 낮은 그렇지 않다. 우리는 어떻게 파란 하늘을 볼 수 있는 것일까? 영화 〈트루먼 쇼〉에서처럼 하늘이 원래는 파란색 벽이고, 밤이 되면 조명이 어두워져 검게 보일 리는 없지 않은가.

태양광이 너무 밝아서 우주가 보이지 않는다고 생각할 수도 있지만, 빛은 직진하는 성질이 있어서 우리가 태양을 직접 바라보지 않는 한 우리 눈에도 태양광이 들어오지 않아야 한다. 그 사실은 그림자만 보아도 알 수 있다. 물체의 그림자는 태양의 방향을 정직하게 가리킨다. 태양의 영향이 없는 빈 공간에는 태양광도 없으니 우주를 볼 수 있어야 한다. 우주와 우리의 눈 사이의 공간을 채우고 있는 것은 투명한 무색의 공기뿐이니 말이다.

하늘이 〈트루먼 쇼〉의 벽처럼 파랗게 보이는 이유는 우리가 이번에도 감각에 속았기 때문이다. 우리가 빛에 색이 있다고 인지하는 것처럼 인간의 감각은 속이기 쉽다. 감각기관에서 외부의 정보를 받아들이면 뇌는 이를 직관적으로 해석한다. 중간에 어떤 일이 일어났는지에 대한 정보는 신경 쓰지 않는다. 예를 들어 벽으로 둘러싸인 넓은 공간에서 소리가 벽에 여러 번 반사된 후 우리 귀에 들어왔을 때, 그 소리가 어디에서 들려오는 것인지 혼란스러웠던 경험이 한 번쯤은 있었을 것이다. 두 귀에 들어온 소리를 통해 그 위치를 알아내려고 해도 소리가 벽에 반사되며 마치 사방에서 들려오는 듯한 착각을 일으키기 때문이다.

물체를 보는 것도 마찬가지다. 뇌는 눈에 들어오는 빛을 통해 영상을 구성한다. 중간에 어떤 경로를 거쳐 들어오든 상관없다. 물이 든 컵에 젓가락을 꽂아 넣으면 젓가락이 굽은 듯 보인다. 하지만 젓가락은 아주 조금도 구부러지지 않았다. 젓가락에 반사된 빛이 물에서 공기로 나오며 굴절된 채 눈에 들어오는 것임에도 우리 뇌는 이 빛이 계속 직진해서 눈에 들어왔을 것이라 해석하기 때문이다. 뇌는 그 빛의 경로 끝에 젓가락이 있다고 예상하며 이미지를 구성한다. 이 때문에 젓가락은 굽은 상태의 이미지로 뇌에 맺히게 된다. 그러니 우리는 '물체를 본다'기보다는 빛을 통해 '물체의 위치를 유추한다'라고 말하는 편이 정확하다.

낮에 하늘을 올려다볼 때도 우리는 하늘을 본다기보다 위에서 내려오는 방향의 빛을 본다. 하지만 조금 전에 말했던 것처럼 태양광 이외에 하늘에서 직접 쏟아지는 빛은 없다. 게다가 태양광은 파랗지도 않을뿐더러 태양이 위치한 방향에서만 내리쬐므로 지구의 하늘 전체를 빛나게 할 수도 없다. 그래서 하늘의 색은 과거의 물리학자들에게도 난제였다. 이 난제를 해결하던 그들은 연구 과정에서 어떤 중요한 현상을 깨닫게 되는데, 바로 '빛의 산란'이었다.

어느 날 영국의 물리학자 존 레일리John Rayleigh가 하늘이 파란색인 이유를 설명하기 위해 연구를 계속하다 공기 분자

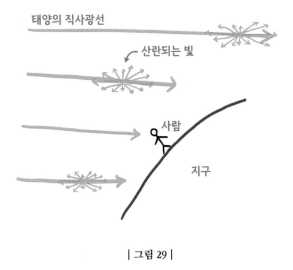

태양의 직사광선

산란되는 빛

사람

지구

| 그림 29 |

에서 일어나는 빛의 산란 현상을 발견했다. 그래서 공기 분자와 충돌해 [그림 29]처럼 모든 방향으로 산란하는 태양광을 두고 '레일리산란'이라고 한다. 레일리산란에 따라 태양의 직사광선은 공기 분자를 만나 여기저기 퍼지고, 그 덕분에 우리는 태양을 직접 보지 않고도 낮의 밝은 하늘을 볼 수 있는 것이다.

직진하던 빛은 물체에 부딪히면 그 방향이 바뀐다. 그래서 가장 간단하지만 특별한 현상이 '빛의 반사'다. 거울같이 매끈한 표면에 빛이 들어오면 들어온 각도 그대로 반사되어 반대로 튕겨져 나간다. 하지만 많은 물체의 표면은 거칠다. 이런 경우 빛이 표면에 닿으면 모든 방향으로 퍼진다. 조명이 넓은 방 한가운데에만 있어도 구석에서 책을 읽을 수 있는 이유도, 방 안의 여러 물체에 부딪혀 산란된 빛이 책의 거칠거칠한 종이 표면에 맞아 다시 산란되어 우리 눈에 들어오기 때문이다. 모두가 반짝반짝하고 매끈한 표면을 좋아하겠지만, 사실은 오히려 거친 표면 덕분에 세상이 빛날 수 있는 것이다.

하늘에 특별한 물체가 있지는 않지만 그 대신 아주 두꺼운 대기층이 있다. 만약 공기가 적고 광원이 약했다면 빛의 산란에 따른 효과도 무시해도 좋을 정도로 작았을 것이다. 하지만 태양광의 극히 일부만 산란되어도 그 양은 결코 적지 않다. 더군다나 대기층에 존재하는 공기 또한 제아무리 존재감이 없다 해도 지구의 대기층은 땅에서 수백 킬로미터에 달하는 높이까지 존재한다. 빛이 산란되는 효과가 약할지라도 산란이 겹쳐져 감지할 수 있는 정도는 된다.

밝기는 이렇다고는 하지만, 그렇다면 색은 어떻게 설명할 수 있을까? [그림 29]에서처럼 빛은 모든 방향으로 퍼져 나가지만 그렇다고 모든 빛이 똑같은 정도로 퍼지지는 않는다. 하늘의 파란색은 레일리산란의 이런 특성 때문에 생긴 것이다. 레일리산란에는 이를 설명하기 위한 방정식이 있는데, 그 방정식을 보면 가시광선 영역에서는 빛의 파장 길이가 짧을수록 산란이 더 잘 일어난다. 즉 빨간색 빛은 산란이 잘되지 않고, 파란색 빛은 산란이 더 잘된다. 그래서 우리 눈에 들어오는 빛도 파란색 계열의 비율이 더 높고, 자연스럽게 하늘 역시 파란색으로 보이는 것이다.

하지만 오늘 출근길에는 하늘이 구름으로 꽉 뒤덮여 있으니 태양광이 아무리 산란한다고 한들 내 눈에 도달할 길이 없다. 출근길 하늘이 파랗지 않아 슬프기는 하나, 그래도 하늘이라는 물체는 실제로 존재하지 않는다고 생각하면 기분이 조금 풀린다. 파란 하늘은 그저 태양광이 공기 중에 흩어져 눈에 보이는 시각적 효과일 뿐이라고 말이다. 그리고 또, 실험실에 가면 파란 하늘보다 훨씬 흥미로운 일들이 많이 일어난다. 말이 나왔으니, 지각하기 전에 얼른 연구소로 발을 재촉해야겠다.

이것은 파동인가, 입자인가 ●

연구소에 도착해 사무실에 앉으니 얼마 전 만들어둔 물질의 시료들이 책상 위에 놓여 있는 것이 눈에 들어온다. 오늘 시료들의 품질을 확인하는 일을 잊지 않으려고 어제 책상 위에 놓아두고서 퇴근했던 기억이 난다. 지금까지 수천 개의 시료를 만들어왔고, 이 일을 업으로 삼고 있지만 여전히 물질 합성은 내게 너무 어려운 일이다. 엑스선을 살펴볼 때도 이야기했지만, 좋은 품질의 시료를 만드는 데는 측정도 합성 못지않게 중요하다.

고품질 물질의 조건에는 두 가지가 필요하다. 바로 '결정성'과 '조성'이다. 물리 현상을 연구하기 위한 시료를 자세히 살펴보면 그 안의 원자들이 완벽한 주기를 갖고 배열되어 있어야 하는데, 이때 원자들이 얼마나 완벽하게 배열되어 있는지 나타내는 척도가 바로 결정성이다. 원자들의 결합 방식이나 엑스선, 이종 구조 등을 살펴볼 때도 다룬 바 있다.

자연에서 원자들의 완벽한 결정성을 측정하기란 매우 어렵다. 벽돌을 규칙적으로 쌓아 건물을 짓는 것 같은 행위는 인간만이 할 수 있는 '인공적인 일'이기 때문이다. 그래도 아예 찾을 수 없는 것은 아니다. 자연에서도 원자들이 완벽에 가깝게 배열될 때가 있다. 바로 땅속 깊은 곳에서 높은 온도와 압력을 받으며 원자들이 결정을 이룰 때다. 대표적으로 다이아몬드가 그렇다. 고온·고압의 조건에서 탄생한 다이아몬드 안에는 탄소 원자들이 마치 누군가 일부러 짜맞춘 듯이 규칙적으로 배열되어 있다.

한편 조성은 물질 안에 원소들이 어떤 비율로 섞여 있는지 나타내는 척도다. 예를 들어 영하 272도의 낮은 온도에서 초전도 현상을 보이는 물질로 알려진 '스트론튬-루테늄산화물Sr_2RuO_4'이라는, 이름만큼 복잡한 이 물질의 조성을 살펴보면 스트론튬Sr과 루테늄Ru, 산소가 2:1:4의 비율로 구성되어 있다. 이 물질은 합성이 특히 어려운 물질로 악명이 높은데, 합성 과정에서 루테늄이 자꾸만 빠져나가 버리기 때문이다. 루테늄이 빠져나가면 스트론튬과 루테늄을 2:1의 비율로 섞을 수 없게 되고, 그러면 물질은 원하던 초전도체가 되지 못하는 것은 물론 심지어 전기도 통하지 않는 절연체가 되기도 한다. 그러니 원하는 성질을 갖는 물질을 얻기 위한 합성에서 조성 확인은 매우 중요하다.

하지만 물질 안에 들어 있는 원자들의 비율을 어떻게 알아낼까? 물질을 최대로 확대해서 원자의 수를 모두 세보면 가장 정확하겠지만, 수많은 원자를 하나하나 세는 것은 방 안의 공기 분자가 몇 개가 되는지 세보는 일만큼 무모하다. 그래서 우리 연구팀에서는 얼마 전 옆 연구팀에서 사용하던 '엑스선 광전자분광기'라는 오래된 장비를 물려받아 원자의 수를 간접적으로 세고 있다. 장비가 오래되었다고 해도 물리학은 바뀌지 않으니, 오래된 장비로 측정한 결과가 새 장비로 측정한 결과와 다를 이유는 없다.

엑스선 광전자분광기를 사용한 이 기술은 매일 전 세계 연구소에서 사용되고 있다. 아인슈타인이 설명한 '광전효과'라는 물리 현상 덕분에 가능한 기술이다. 현대인들에게 가장 유명한 물리학자인 그는 '희대의 천재'인 동시에 '상대성이론의 아버지'로도 잘 알려진 사람이다. 상대성이론은 주로 빛의 속도에 가까울 정도로 빠르게 움직이는 물체나 블랙홀처럼 질량이 아주 무거운 물체를 다루기 때문에 아인슈타인 또한 저 먼 우주의 일에만 관심을 가졌을 것이라고 오해하는 사람도 많을지 모른다. 하지만 그는 양자역학과 고체물리학에도 많은 기여를 했다. 아인슈타인이 공식적으로 노벨물리학상을 수상하게 된 이유도 이론물리학에 대한 기여, 특히 광전효과 이론을 발견했기 때문이었다.

광전효과는 말 그대로 빛과 전자가 상호작용하며 생기는 현상을 말한다. 좀 더 정확하게 말하자면 빛에 의해서 전자가 방출되는 현상이다. 아인슈타인은 광전효과의 원리를 알기 위해서는 빛을 파동보다 광자라는 입자의 개념으로 이해해야 한다고 말했다. 그리고 이런 그의 해석은 양자역학의 근간이 되었다.

양자역학 이전에 빛은 단순한 파동으로서 받아들여졌다. 정말 빛이 단순히 파동일 뿐이라면 어떤 물체에도 계속해서 에너지를 공급해 줄 수 있다. 마치 공에 쏘는 물대포처럼 말이다. 우리가 공을 잘 조준해 적당한 세기로 물대포를 쏘아주면 공이 계속해서 에너지를 공급받기 때문에 위로 올라간다. 물대포의 세기가 약해 힘이 충분하지 않다면 공을 올릴수 없겠지만, 이 경우에도 여러 대의 물대포를 합쳐서 쏘아주면 그만큼의 힘이 합쳐져서 공을 위로 올릴 만한 에너지가된다. 일반적인 상황에서는 빛을 파동으로 이해하는 것이 적절하다. 그래서 실험실에서도 레이저를 이용해 물질에 에너지를 계속해서 공급하여 높은 온도로 달굴 수 있다. 하지만미시적인 관점에서 원자 안의 전자와 빛의 관계를 생각하면상황은 달라진다.

원자 안에는 전자가 묶여 있다. 마치 지구 위의 모든 생물체가 지구에 묶여 있는 것처럼 말이다. 전자는 원자가 소유하고 있으니, 원자의 손아귀에서 빠져나가려면 에너지라는 값을 지불해야 한다. 이 에너지는 빛이 공급해 줄 수 있다.

만약 일반적인 상황에서처럼 빛을 단순히 파동으로만 본다면 어떤 파장을 갖는 빛이라도 여러 빛줄기를 모아 전자에게 쏘아주면 전자를 탈출시킬 수 있다. 에너지가 낮지만 파장의 길이가 긴 빨간색 빛이나 적외선이라고 해도 여러 개의빛줄기를 더하고 더해 빛의 세기를 강하게 만들면 전자를 탈출시킬 수 있어야 하는 것이다. 하지만 실제 실험 결과는 달랐다. 빨간색 빛을 눈이 멀 정도로 강하게 만들어 쏘아도 전자는 원자에서 탈출하지 못했다.

결국 원자에서 전자를 빼낼 때 중요한 것은 빛의 세기가 아니라는 사실이 밝혀졌다. 빛의 파장이 더 중요했던 것이다. 즉 빛의 파장의 길이가 어떤 특정 파장의 길이보다 짧아야만(이 값은 물질마다 다르다) 비로소 전자를 원자 밖으로 꺼낼 수 있다. 하지만 이는 빛이 파동이라고만 생각한다면 전혀 납득할 수 없는 성질이었다. 그래서 아인슈타인은 빛이 광자라는 입자로 이루어져 있으며, 이 광자의 에너지가 파장에 따라 결정된다는 가설을 도입하여 이 현상을 설명했다.

아인슈타인이 말한 광전효과에 따르면 전자와 빛의 상호작용은 입자와 빛의 상호작용이라기보다는 '입자와 입자의 상호작용'이다. 빛 알갱이인 광자는 파장의 길이가 짧을수록 강한 에너지를 갖는데, 이를 통해 빛은 파동이자 입자의 성질을 갖는다고 볼 수 있다. 앞서 원자에 묶여 있는 전자를 탈출시키기 위해서는 빛의 파장의 길이가 특정 파장의 길이보다 짧아야 한다고 했다. 다시 말해 특정 값 이상의 에너지가 필요한 일이니 일정 에너지 이상의 광자, 즉 특정 파장의 길이보다 짧은 파장을 갖는 빛을 쏘아주면 [그림 30]처럼 전자

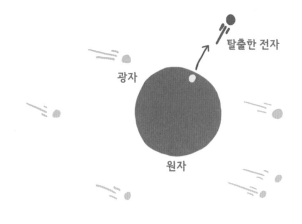

| 그림 30 |

를 탈출시킬 수 있다. 그래서 입자로서의 에너지를 알아내기 위해서는 다시 파동으로서의 성질인 파장을 알아내야 하는 아이러니한 상황이 발생한다.

하지만 이때 광자가 갖고 있는 에너지 자체가 약하다면 빛줄기를 아무리 몇 개씩 합쳐도 소용없다. 빛줄기를 여러 개 합치면 단순히 광자의 개수만 증가할 뿐 광자의 에너지 세기 자체가 바뀌지는 않기 때문이다. 그래서 전자는 에너지가 부족한 광자와는 상호작용하지 않는다. 혹시 충돌하더라도 광자의 에너지가 부족하기에 전자는 광자에게 자신의 에너지를 내어주고 금방 제자리로 돌아간다.

다시 되돌아가 광전효과로 어떻게 시료의 조성까지 알아낼 수 있는지 살펴보자. 물질의 품질을 확인하는 데 결정성과 조성, 두 가지가 필요했던 것처럼 물질의 조성을 알기 위해서도 두 가지 정보가 필요하다. 하나는 원자의 종류, 즉 어떤 원소를 갖는지에 대한 정보고, 다른 하나는 그 물질 안에 서로 다른 원소들이 얼마나 있는지에 대한 정보다. 광전효과를 이용하면 이 두 가지 정보를 모두 알 수 있다.

사실 원자에는 전자가 여러 개 묶여 있다(전자를 딱 하나만 갖고 있는 수소나 전자를 빼앗겨 자신이 가진 전자가 하나도 없는 수소 이온을 제외하면 말이다). 보통 자외선 영역의 빛을 원자에 쏘면 원자 바깥쪽에 위치한, 가장 느슨하게 묶여 있는 전자 하나 정도는 쉽게 빼낼 수 있다. 하지만 원자의 안쪽에 묶여 있는 전자는 자외선으로 빼내기가 쉽지 않다. 이런 전자들을 '속전자'라고 한다. 이 녀석들을 원자 밖으로 꺼내기 위해 필요한 에너지는 원자마다 다른데, 보통은 엑스선처럼 파장이 짧고 에너지가 강한 빛을 쏘아야 꺼낼 수 있다.

원자마다 필요한 에너지 정도가 다르니 속전자를 꺼낼 때 드는 에너지의 양을 정확히 알 수만 있다면 지문으로 누가 누군지 알아내듯 고유한 에너지 값만으로도 원자의 종류가 무엇인지 알아낼 수 있다. 옆 연구팀에서 물려받은 엑스선 광전자분광기는 바로 이 속전자를 꺼내는 데 필요한 에너지를 측정하기 위해서 이미 에너지 값을 알고 있는 엑스선을 원자에 쏘는 장비다. 물질 안의 원자들이 엑스선을 받으면 원자에 묶여 있던 전자들이 탈출하는데, 이 탈출한 전자들의 속도를 측정해 이 녀석들이 어느 정도의 에너지를 갖고 있는지 알아낸다.

탈출한 전자의 에너지 값도 알고 있고, 우리가 원자에 공급한 엑스선의 에너지 값도 알고 있으니 이제 이 두 값의 차이를 통해 전자를 원자에서 꺼내는 데 필요한 에너지도 알아낼 수 있다. 이 과정을 통해 분광기는 전자의 에너지를 이용해 원자의 종류를 찾아내고, 탈출한 전자의 수를 세서 원자의 수도 간접적으로 밝혀낸다.

오늘 내가 장비에 넣고 측정한 시료는 '이트륨-바륨-구리산화물$YBa_2Cu_3O_7$'이라는 복잡한 이름과 조성을 가진 박막이다. 시료를 넣고 엑스선을 쏘니 장비 모니터 화면에 여러 개의 '피크(최댓값)' 신호가 모습을 드러낸다. 이 신호로 보아 시료 속 원자에서 탈출한 전자가 진공 속을 날아 버섯 모양의 금속 분광기 안으로 들어갔을 것이다. 각각 이트륨Y, 바륨Ba, 구리 원자에 해당하는 위치에 피크가 나타났다. 시료에 넣은 원소들이 그새 어디 도망가지는 않은 모양이다. 피크의 크기를 통해 박막의 원소 비율을 계산해 보니 가장 이상적인 비율인 1:2:3에 아주 가깝다. 지난번에 측정했을 때는 구리의 비율이 너무 높아서 실험이 실패했는데, 이번에는 물질 합성이 아주 잘된 것 같다.

인간이 상상할 수 없던 발견 •

　방금 실험에서 측정한 화합물은 줄여서 'YBCO'라고 하는데, 실험실에서는 '입코'라고 부른다. 입과 코라니. 팀 동료들이 한국어를 할 줄 알았다면 모두 웃긴 이름이라고 생각했을 테지만, 아무도 한국어를 몰라서 이 재미를 함께 즐길 수가 없다는 사실이 안타깝다.

　입코는 양자 물질 중에서도 가장 유명하고 많이 연구된 초전도체다. 초전도 물질은 일정한 온도 아래에서는 전기저항이 0으로 뚝 떨어지고, 내부 자기장을 모두 밀어내는 '마이스너효과' 현상을 보인다. 보통 물질에 전기를 흘리면 전기저항 때문에 에너지가 손실되는데, 초전도체에서는 에너지 손실이 발생하지 않는다. 오히려 이 마이스너효과 때문에 자석 위에 둥둥 뜨는 현상이 관측되기도 한다.

　아무래도 요즘은 초전도체를 주로 다루고 있다 보니, 조성이 맞는지 확인한 다음에는 이 물질의 초전도성도 시험한다. 복잡한 분광학 실험이나 초전도체를 활용한 반도체 소자 제작 전에 우선 박막이 제대로 된 초전도체임을 확인해야 하는 것이다. 그러지 않으면 다음에 하는 모든 복잡한 실험 단계가 헛수고가 될 수 있다. 박막에 전선을 연결하고 전기를 흘리며 온도를 낮춘다. 이럴 때면 내가 입코를 처음 측정하던 대학 3학년 시절이 생각나고는 한다.

당시 나는 '중급 물리 실험'이라는 아주 무미건조한 이름을 가진 강의를 들었는데, 이름과는 달리 강의 내용은 다른 어떤 강의보다도 흥미로웠다. 고체물리학 실험을 전공했던 교수님은 실제 연구 현장에서 사용하는 다양한 실험을 할 수 있도록 강의를 계획했다. 그중 하나가 입코를 직접 합성해 전기저항을 측정하는 실험이었다. 물리학을 3년 동안 배우며 다양한 방정식을 푸는 데는 이골이 났던 나지만 초전도 현상은 합성도, 아니 한 번도 들어본 적도 없었다.

그래도 생각보다 합성은 어렵지 않았다. 이런저런 화학물질들을 섞어서 사발에 넣고, 잘 갈아서 굽고 나니 내 생의 첫 입코 시료가 만들어졌다. 그때는 지금처럼 작고 얇은 박막 형태가 아니라 가루를 뭉쳐서 구운 쿠키 같은 형태였다.

나는 이 작고 검은 쿠키에 전선을 연결하고 온도를 낮추어

주었다. 여느 금속 물질들이 다 그렇듯 내가 만든 쿠키의 전기저항도 온도가 내려갈수록 천천히 떨어졌고, 전기저항을 측정해 그린 그래프의 모양도 부드럽게 떨어졌다. 그런데 영하 183도가 되자 전기저항이 갑자기 0으로 뚝 떨어졌다. 그래프의 선도 [그림 31]처럼 마치 자로 대고 잘라낸 듯한 모양이 되었다.

대학 3학년이 될 때까지 계산 결과를 그린 그래프는 언제나 부드러운 곡선이었다. 지금 이 그래프는 전혀 자연스럽지 않은 그래프였다. 저항이 0이라니?! 게다가 어떤 물질이 이렇게 갑자기 금속에서 초전도체가 되다니 굉장한 일이었다. 함께 밤새 시료를 만들고 측정하던 나와 동기들은 모두 흥분했다. 왜 이런 현상이 일어나는지는 교수님도 아직 잘 모르

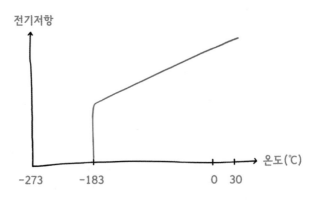

| 그림 31 |

겠다고 했다. 물론 내가 이 현상의 최초 발견자는 아니었겠지만, 직접 만든 물질에서 아무도 이해하지 못한 현상이 벌어지고 있다는 사실만으로도 놀라웠다. 나는 이때부터 초전도체를 연구하고 싶다는 막연한 목표를 갖게 되었고, 지금은 초전도체를 합성하는 일을 업으로 삼고 있다.

물리학자로서 물리학에서 가장 위대한 발견을 꼽는다면 나는 초전도 현상과 양자 홀효과를 꼽고 싶다. 특히 초전도 현상을 꼽은 이유에는 그 현상 자체가 놀랍다는 점도 있지만, 내게는 무엇보다 인류가 기술적 한계를 극복하고 순수하게 실험을 통해서 발견한 것이라는 부분이 크게 다가왔다.

초전도 현상은 지금까지도 시대적으로 너무 앞선 발견이기 때문에 초전도체의 존재 자체를 인류가 미리 예측할 수는 없었다. 또한 이 현상을 설명하려다 수많은 이론물리학자가 좌절을 겪기도 했다. 아인슈타인조차도 초전도체를 이해하기에는 아직 인류의 지식이 부족하다고 인정했을 정도니 말이다. 그야말로 '상상할 수 없던' 발견이었다.

초전도체는 인간이 얼마나 낮은 온도에 도달할 수 있을지 경쟁하던 중에 발견되었다. 우리 모두 알고 있듯 온도를 올리는 일은 쉽다. 간단한 성냥만으로도 수백 도에 쉽게 도달할 수 있고, 내 책상 위 스탠드의 백열전구만 해도 내부 온도가 수천 도에 육박한다. 만약 플라스마plasma와 관련된 실험이라도 한다면 1만 도 이상 온도를 올리는 것은 일도 아니다. 그에 반해 온도를 내리는 일은 훨씬 어렵다.

춘계 학회에 참석하기 위해 영국에 방문했을 때 듀어가 수소를 액화시키는 실험을 시연했던 일화를 소개한 바 있다. 온도를 낮추는 기술은 기체를 액화시킬 수 있다는 데 의의를 갖기도 하지만, 초전도 현상을 비롯한 다양한 양자역학적 현상들이 낮은 온도에서만 일어나기 때문에 과학 기술 전반에 지대한 영향을 끼쳤다는 의의도 있다. 온도를 낮추기 위한 기술 경쟁에서 듀어와 라이벌 관계였던 네덜란드의 물리학자 카메를링 오너스Kammerlingh Onnes는 헬륨을 최초로 액화시켰다. 그 덕분에 전인미답의 세계였던 영하 269도에서도 실험을 할 수 있게 되었고, 이를 통해 이 영역의 온도에서 초전도 현상이 발견된 것이다.

1911년 초전도 현상이 처음 발견된 이후 100년이 넘는 시간 동안 초전도체가 연구되어 왔지만 초전도체는 물질을 연구하는 물리학자들에게 여전히 흥미로운 연구 주제다. 초전도 현상은 최초 발견 이후 50년 가까이 지난 1957년에 와서야 이론적으로 설명할 수 있게 되었다. 초전도 물질을 합성할 수 있게 되었고, 전기저항이 0으로 떨어지는 것도 측정할 수 있게 되었지만 강산이 다섯 번 바뀌는 동안에도 명확하게 원리를 설명하지 못한다는 현실은 물리학자들에게는 흥미로운 동시에 절망적이기도 했을 것이다.

초전도체는 종류가 많다. 그중에서 내가 주로 다루는 물질은 '고온 초전도체', 또 그 가운데에서도 구리가 포함된 '구리계 초전도체'다. 방금 측정한 입코도 이 물질군에 속한다. 구리계 물질군에서 고온 초전도 현상은 1986년 처음 발견되었다. 하지만 지금까지도 그 원리가 명확히 밝혀지지 않아 전 세계 석학들이 머리를 긁적이고 있다.

사실 고온이라고 해보았자 처음 발견되었던 고온 초전도체는 영하 240도에서 초전도 현상을 보인 물질이었다. 이후에 영하 240도보다는 더 높은 온도에서 초전도 현상을 보이는 고온 초전도체들이 더 많이 발견되기는 했지만 그럼에도 여전히 낮은 온도다. 그래도 70년이 넘는 오랜 시간 초전도체를 연구하며 많은 물리학자가 초전도체의 한계라고 생각했던 온도를 넘었다는 점, 기존 이론에서는 설명이 불가능한 온도에서도 초전도 현상을 보였다는 점에서 최초의 고온 초전도체 발견은 놀라운 일이었음이 분명하다. 이것이 그 당시 얼마나 굉장한 발견이었는지는 노벨물리학상을 보면 알 수 있다. 고온 초전도체를 발견한 바로 그다음 해에 노벨물리학상으로 기념했으니 말이다.

입코가 최초의 고온 초전도체는 아니지만 연구 주제로 인기가 많은 이유는 액화 질소만으로도 초전도 상태를 만들 수 있기 때문이다. 입코가 발견되기 전에는 초전도 현상을 연구하거나 이를 활용하려면 끓는점이 영하 269도에 달하는 액화 헬륨을 사용해야 했다. 하지만 액화 헬륨은 비싸고 다루기도 어려워서 사용하는 데 많은 어려움이 있었다. 반면 액화 질소는 영하 196도에서 끓기 때문에 영하 180도 이하의 온도에서 초전도 현상을 보이는 입코는 그보다 더 낮은 온도의 액화 질소에 담그면 초전도체로 바뀌게 된다. 액화 질소는 액화 헬륨에 비해 가격이 저렴한 데다 공기의 80퍼센트가 질소라 구하기도 쉬워서 초전도체 연구의 분수령이 된 물질이라고 해도 과장이 아니다.

이렇게 초전도체에 대한 이론이 마침내 정립되었음에도 초전도체를 완벽하게 이해하기란 아직 요원해 보인다. 입코를 비롯한 고온 초전도체들이 새롭게 등장했는데, 아직까지도 그 원리가 무엇인지 밝혀지지 않고 있기 때문이다.

워낙 오랫동안 물리학계의 난제였던 탓인지 학회 같은 곳에서 구리계 초전도체를 연구한다고 발표하면 아직도 이 물질을 연구하냐고 묻는 사람들이 있다. 특히 연구 트렌드에 민감한 국가에서 온 연구자들이라면 더더욱 그렇다. 하지만 물리학자인 내게 흥미로운 문제라면, 거기다 인류의 발전에도 중요한 문제라면 그 문제가 얼마나 오래 난제로 남아 있었는지는 별로 중요하지 않다. 초전도체의 역사만 보아도 그렇지 않은가.

그래서 지금도 나는 오너스가 그랬듯 실험실에서 액화 헬륨을 이용해 초전도체를 연구하고 있다. 입코를 실험 장비에 잘 고정하고 천천히 헬륨 듀어에 밀어 넣으니 온도가 내려가기 시작한다. 액화 헬륨의 냉기 때문에 점점 떨어지는 입코의 온도가 모니터에 나타난다. 영하 50도. 아직까지 입코는 일반 금속과 다를 것 없는 성질을 보이고 있다. 이 실험 장비의 한계치는 영하 270도 정도니 아직 갈 길이 한참 남았다. 물질의 조성으로 보면 온도가 영하 180도 이하로 내려갔을 때 초전도 현상을 보여야 하는데……. 온도가 모두 떨어져서 직접 확인하기 전까지는 알 수가 없으니, 매번 하는 실험이지만 언제나 처음처럼 가슴이 떨려온다.

호숫가의
단풍놀이

_도플러효과, 부력, 수소 결합

한국처럼 중위도에 있는 독일도 사계절이 뚜렷하다. 나는 사계절 중 가을을 가장 좋아한다. 독일은 한국과 나무 종류도 비슷해 가을이면 산이나 숲에 빨강, 주황, 노랑 단풍이 피어난다. 훌쩍 나들이 가기에도 좋은 선선한 바람도 분다. 한국에서 살았을 때나 독일에서 살고 있을 때나 단풍은 매년 이맘때면 어디서든 볼 수 있다. 단풍에 질린다는 것은 상상할 수조차 없다. 그래서 이번 주말에는 단풍놀이를 즐기러 친구 부부와 콘스탄츠호에 가기로 했다. 독일 남부 지역 끝에 있는 콘스탄츠호는 독일, 오스트리아, 스위스, 리히텐슈타인까지 4개국이 인접해 있는 호수다. 거의 서울만 한 크기의 이 호수는 풍경이 아름답기로 유명해서 독일 남부 지역에 사는 사람들의 자랑거리기도 하다.

두 가지 속도

　내가 사는 슈투트가르트에서 콘스탄츠호로 가려면 독일의 고속도로인 '아우토반Autobahn'을 따라 남쪽으로 200킬로미터가량 운전해 가야 한다. 평소에도 여행을 좋아하지만, 아우토반을 타야 하는 여행이라면 더 즐겁다. 쭉 뻗은 아우토반을 따라 달리다 보면 운전에만 집중할 수 있어서 복잡했던 머릿속도 정리되고, 명상하는 기분까지 든다. 중간중간 보이는 넓은 들판과 숲을 보면 시야가 탁 트여서 만성 피로를 호소하던 내 눈도 함께 시원해지는 느낌이다. 하지만 무엇보다도 이런 아우토반의 여러 재미 중 단연 최고는 속도감을 즐길 수 있다는 점이다.

　특히 독일의 아우토반은 속도제한이 없는 것으로 유명하다. 그래도 실제로는 굽이지거나 길이 좁게 난 구간에서는 제한속도가 있고, 곧게 뻗은 일부 직진 구간에서만 제한속도가 없을 뿐이다. 이 속도 무제한 구간에 진입하면 모든 차가 가속하기 시작하는데, 독일의 고성능 자동차들은 이 구간에서 진가를 발휘한다. 특히 추월차선인 1차선에서는 시속 200킬로미터를 훌쩍 넘는 속도로 달리지 않으면 뒤에서 빠르게 달려오는 자동차들에 위협받기 십상이다.

아우토반을 직접 달리기 전까지는 고속으로 달리는 것은 위험한 일이라고 생각했다. 하지만 실제로 몇 번 달려보고 나니 이런 생각은 물리학자가 하기에 너무 비이성적이었다는 깨달음을 얻었다. 계기판에 보이는 절대속도가 아니라 상대속도가 더 중요하다는 사실을 잊고 있었던 것이다. 모두가 시속 200킬로미터 이상으로 달린다면 그 무리에서 함께 달리고 있는 나는 속도감을 느낄 수 없다. 오히려 무리의 가운데서 나 혼자 느리게 달린다면 그 편이 더 위험하다.

종종 좋은 렌터카를 배정받았을 때는 나도 빠른 속도로 달려보고는 하는데, 오늘은 차 안에 나만 있는 것이 아니니 1차선으로 달리는 것은 언감생심 생각도 할 수 없다. 대신 비교적 천천히 달리는 자동차들의 속도에 맞추어 옆 차선에서 시속 150킬로미터 정도로 달렸다. 이것도 사실은 절대 느린 속도가 아니지만 멀리서부터 굉음을 내며 달려와 순식간에 시야 밖으로 사라지는 1차선의 자동차들을 볼 때면 속도가 얼마나 빠를지 상상하기도 힘들다. 옆에서 질주해 나가는 자동차들의 엔진 소리는 차종마다, 속도마다 천차만별이다. 그래서 나는 가끔 뒤에서 들리는 소리를 듣고 차종을 추측해 보기도 한다.

각양각색의 엔진 소리에는 공통점도 있다. 가만히 소리를 듣고 있으면 자동차가 옆을 지나가는 순간 소리가 고음에서 저음으로 미세하게 낮아진다는 점이다. 멀리서 다가올 때는 날카로운 높은 소리를 내며 오다가, 거리가 벌어지면 소리가 낮아지며 조금은 둔탁하게 바뀐다. 마치 어린 시절 "얼레리~ 꼴레리~" 하며 놀릴 때 '얼레리'보다 '꼴레리'가 조금 더 낮게 들리는 것처럼 말이다. 물론 고작 나를 놀리겠다고 옆 차선의 운전자가 지나쳐 갈 때 엔진 소리를 바꾸는 것은 아니다. 이렇게 소리의 높낮이가 바뀌는 이유는 바로 '도플러효과'라는 물리 현상 때문이다.

도플러효과는 소리를 내는 음원과 소리를 듣는 청자의 상대속도에 따라 소리의 높낮이가 달라지는 현상이다. 이 흥미로운 현상을 이해하기 위해서는 먼저 소리가 무엇인지 알아야 한다. 소리는 공기의 떨림으로 전달되는 파동이다. 가장 쉽게 볼 수 있는 파동의 예로는 물결파가 있다. 잔잔한 호수에 물결파를 일으키기 위해 작은 돌멩이를 던지면 돌멩이가 빠진 곳부터 물이 요동치기 시작하고, 이 요동이 원을 그리며 퍼져 나가는 모습을 볼 수 있다. 한 지점에서 발생한 진동이 물이라는 '매질'을 타고 전파되고, 이렇게 전달된 진동은 돌멩이가 빠진 곳에서 멀리 떨어진 위치에 떠 있는 나뭇잎도 위아래로 출렁이게 할 수 있다. 쉽게 말해 파동은 멀리 있는 물체에 힘을 가해 그 물체를 움직일 수 있다.

또 소리는 공기를 통해 전파된다. 호수에 돌멩이를 던지듯 소리를 내는 물체가 한 지점에서 공기를 떨리게 하면 이 공기를 따라 소리의 파동이 전달된다. 소리에도 크기, 음색, 높낮이 등 여러 가지 성질이 있는데, 각각의 성질은 파동의 진폭과 진동수 등으로 결정된다. 높낮이의 경우 파동의 진동수에 따라 결정되는데, 소리가 높을수록 진동수가 많아 빠르게 진동한다. 물결파에서는 물이 높낮이가 달라져 전파되는 모습이 눈에 보이지만, 공기는 밀도가 높은 구간과 낮은 구간이 반복되는 식으로 전파된다. 소리가 공기를 진동시켜 발생한다는 것을 가장 잘 보여주는 예가 바로 스피커다.

대강당에서 사용하는 커다란 스피커는 내부의 진동판이 공기를 쳐서 소리를 만든다. 그래서 스피커에 손을 대보면 이 진동을 직접 느낄 수 있다. 소리가 클 때 스피커 앞에 서보면 피부로도 진동이 느껴진다. 돌멩이가 일으킨 물결파가 멀리 떨어진 나뭇잎을 움직이듯 스피커같이 소리를 내는 음원이 공기에 가한 힘이 퍼져 나가면 그것이 바로 소리가 된다. 우리가 소리를 들을 수 있는 것도 공기의 진동이 고막에 힘을 가해 고막을 진동시키기 때문이다.

앞서 도플러효과는 음원이나 청자의 속도 때문에 소리의 높낮이, 즉 진동수가 변하는 현상이라고 설명했다. 얼핏 들으면 말이 안 되는 듯하다. 이 말대로라면 우리가 이어폰을 끼고 고속열차에 올라타면 음악이 다르게 들려야 한다. 하지만 실제로는 그렇지 않다. 이어폰을 끼고 고속열차에 올라탄다고 해서 도플러효과를 경험할 수 없기 때문이다. 도플러효과에서 중요한 것은 '절대속도'가 아니라 '음원과 청자 사이의 상대속도'다.

상대속도란 간단하게 말하자면 두 물체의 속도에서 발생하는 차이다. 쉽게 말하자면 상대속도는 두 물체가 얼마의 속도로 가까워지고 멀어지는지 알려준다. 고속열차 위에서 음원에 해당하는 이어폰과 청자인 나는 같은 속도로 움직이기에 서로 가까워지거나 멀어질 일이 없다. 그러니 상대속도 또한 0이며, 도플러효과도 발생하지 않는다. 도플러효과를 발생시키려면 고속열차에 스피커를 매달아 두고, 나는 고속열차 밖에 서 있어야 한다. 그러면 고속열차가 다가올 때 음악이 조금 더 높은 음으로 들리고 멀어질 때 낮은 음으로 바뀌는 현상을 경험할 수 있다.

그렇다면 도플러효과는 왜 발생하는 것일까? 도플러효과는 우리에게 파동이 전달되는 속도에 제한이 있기 때문에 발생한다. 만약 파동의 속도에 제한이 없다면 파동이 발생하는 즉시 우리 귀에 도달할 것이다. 그러면 도플러효과도 일어나지 않는다.

| 그림 32 |

　[그림 32]를 보면 가만히 있는 스피커가 일정한 주기를 갖고 반복되는 펄스pulse 형태로 파동을 만들어내고 있는데, 우리 귀에 이 펄스가 1초당 몇 회가 들어오는지에 따라 소리의 높낮이가 결정된다. 인간이 들을 수 있는 주파수는 펄스로 표현하면 1초당 20회에서 2만 회까지며 우리 귀는 이 차이를 음의 높낮이로 구분한다.

　좀 더 이해하기 쉽게 예를 들어보겠다. 스피커가 1초당 1회의 펄스를 만들고, 이를 음파 감지 마이크로 감지한다고 해보자. 가만히 두면 마이크는 1초에 한 번씩 펄스를 받아들일 것이고, 마이크에 연결된 모니터에도 1초에 한 번씩 신호가 들어올 것이다. 하지만 스피커나 마이크를 움직인다면 상황은 달라진다.

　우선 마이크가 스피커를 향해 달려가는 상황을 가정해 보자. 이 경우 계주경기에서 다음 주자가 달려오는 주자에게 미리 달려가 배턴을 받는 것처럼 마이크가 스피커에서 나오는 펄스를 따라가 미리 받아들인다. 그러면 1초에 한 번이 아니라 그보다 더 많은 횟수를 받아들이게 된다.

마이크가 아니라 스피커가 달려가는 상황에서도 마찬가지다. 스피커가 마이크를 향해 달려간다면 스피커는 이미 만들어낸 펄스를 따라잡으며 다음 펄스를 새롭게 만들어 내놓게 되고, 펄스 사이의 간격도 짧아지게 된다. 이렇게 만들어진 파동은 마이크에 1초에 한 번씩이 아니라 더 많이 도달하며 더 높은 주파수로 인식된다. 어떤 방식으로든 이런 이유로 둘 사이의 상대속도가 서로 가까워지는 경우라면 청자가 더 높은 음을 듣게 되는 것이다. 같은 원리로 상대속도가 서로 멀어지는 경우라면 고막에 도달하는 주파수가 낮아지기에 더 낮은 음이 들리게 된다.

내게는 이 도플러효과를 쉽게 기억하는 나름의 방법이 있다. 내게 다가올 때 소리가 나면 나와 음원 사이에 낀 소리가 압축되면서 높은 소리가 들리고, 나와 멀어질 때 소리가 나면 내가 음원의 소리를 붙잡고 늘어져서 낮은 소리가 난다고 생각하는 것이다.

잠깐, 이렇게 또 다른 생각으로 빠져들 때가 아니다. 당장 달리고 있는 이 도로에 집중해야 한다. 상대속도로는 내가 속도감을 느끼지 못하고 있지만, 정작 위급한 상황이 닥치면 절대속도가 중요해진다. 여전히 우리는 절대속도로 시속 150킬로미터로 달리고 있으니, 잠깐이라도 한눈을 팔았다가는 위험해질 수 있다.

옆 차선에서 매끈하게 잘 빠진 스포츠카 한 대가 다시 굉음을 내며 쏜살같이 지나갔다. 세계자동차연맹에서 개최하는 자동차 경주인 '포뮬러 1F1'을 연상시키는 소리가 도플러효과를 내며 고음에서 저음으로 날카롭게 떨어졌다. 액셀을 밟아 따라잡고 싶은 마음을 추스르고, 다시 침착하게 도로에 집중한다. 어차피 아우토반의 속도 무제한 구간은 짧다. 그러니 저 스포츠카와 내가 목적지에 도달하는 시간은 많이 차이 나지 않을 것이다.

무거울수록 커지는 힘

열심히 달리다 보니 드디어 목적지인 콘스탄츠호가 있는 마을로 접어들었다. 독일의 전형적인 시골 마을 풍경에서 볼 수 있는 세모지고 붉은색 지붕이 얹힌 집들이 호수 주변을 둘러싸고 있고, 오래전 이 마을의 영주가 살았을 높은 성이 호수를 내려다보고 있다. 주차장에 차를 세우고, 작은 마을을 가로질러 호수를 향해 걸었다.

독일 남부 지역에서 중요하게 여기는 가치로 'Gemütlichkeit'가 있다. '게뮈틀리히카이트'라고 발음하는 이 단어는 마음이 편하다는 뜻이다. 독일인이 아니니 단어의 의미와 뉘앙스를 정확히는 알 수 없어도 이 단어에서 받은 인상은 한국어의 '푸근하다'나 '고즈넉하다'라는 말에서 받는 느낌과 비슷하다.

박사과정을 마치고 일까지 하고 있는 이곳, 슈투트가르트가 이제는 고향보다도 더 친숙하게 느껴질 때가 많지만 그래도 슈투트가르트에서는 푸근한 독일 남부 지역 마을의 모습을 찾기가 어렵다. 아마도 제2차 세계대전을 겪으며 융단폭격을 당해 오래된 건물이나 원래 마을의 모습을 잃어버렸기 때문일 것이다. 오랜만에 콘스탄츠호 주변에서 오래된 마을의 돌길을 걷고 있으니 게뮈틀리히카이트가 무엇인지 조금 더 잘 알 것 같다.

그렇게 한참을 길을 따라 걷다 보니 눈앞에 아주 넓은 호수가 펼쳐졌다. 독일에서는 콘스탄츠호를 '보덴제Bodensee'라고 부른다. 맨 끝의 '제see'는 호수를 가리키는 말이다. 독일어에서는 호수를 가리키는 단어와 바다를 가리키는 단어가 모두 '제'로 똑같다. 독일은 대부분의 지역이 내륙이라 바다를 보기 어려워서 그런 것이 아닐까 하고 생각할 수도 있겠지만, 실제로 콘스탄츠호를 보면 호수를 바다로 착각할 만도 하다는 생각도 든다.

호수의 둘레길을 따라 좀 더 걸으면 맑은 호숫물을 볼 수 있다. 햇빛이 호수 바닥에서 튕겨져 나온 덕분에 바닥에 있는 작은 조약돌과 모래알까지 선명하게 보인다. 몇몇 사람들은 이 호수 위에서 돛단배로 유람을 즐기고, 서핑보드 위에서 스탠드업 패들링으로 유유자적 노를 저으며 주변 경관을 만끽하고 있다. 내가 이 먼 콘스탄츠호까지 운전해서 단풍놀이를 하러 온 이유도 카누를 타기 위해서다.

박사과정을 함께한 친구는 학생 때부터 함께 등산과 하이킹을 하고, 카누를 타는 등 많은 시간을 보냈던 친구다. 지난번에는 숲속의 계곡에서 카누를 타고 수영도 했는데, 이번에는 부부 동반으로 넓은 콘스탄츠호에서 카누를 타보기로 했다. 호수가 넓다 보니 조종하는 재미는 계곡보다 덜하겠지만, 그래도 카누를 타며 호숫가의 단풍을 즐길 수 있지 않을까 기대가 된다.

수상스포츠 장비를 빌려주는 가게에 도착해 2인용 카누두 대와 구명조끼들을 빌려 호수로 향했다. 얼른 호수로 뛰어들고 싶은 마음이 굴뚝같다. 속이 비어 있는 플라스틱 카누를 호수로 밀어 넣으니 밑부분만 조금 잠긴 채 둥둥 뜬다.

아내와 내가 올라타니 조금 더 가라앉으면서 우리 둘의 무게를 안정적으로 지탱해 주었다. 가벼운 플라스틱으로 만든 카누가 도합 150킬로그램이 넘는 무게를 지탱할 수 있다는 것이 참 놀랍지 않은가?

카누가 어떻게 물에 뜰 수 있는지 물어본다면 어떤 사람은 카누가 가벼워서, 어떤 사람은 단순히 부력 때문에 그렇다고 대답할지 모른다. 물론 둘 다 틀린 말은 아니다. 하지만 물체가 물에 뜨는 원리를 단순히 가벼운 무게와 부력 때문이라고 퉁쳐서 말하는 것은 이번 달에 내가 돈을 아껴 써야 하는 이유가 소비를 많이 했기 때문이라고 답하는 것처럼 큰 의미가 없는 이야기다. 이번 달 소비 내역을 보면 실수로 스마트폰을 떨어뜨리는 바람에 고가의 새 스마트폰을 사야 했다든가, 무리해서 해외여행을 다녀왔다든가 등의 절약을 해야만 하는 진짜 구체적인 이유가 있었을 것이다. 단순히 소비만 언급하면 모든 이유가 포괄되기 때문에 정확한 절약의 이유가 될 수 없다. 부력도 마찬가지다. 부력은 그저 물체를 띄우는 힘을 통칭하는 단어지, 배가 물에 뜰 수 있는 정확하고 구체적인 이유는 아니다. 부력이 생기는 원리를 이해하기 위해서 우리는 두 가지를 알아야 한다.

첫 번째는 유체가 힘을 전달하는 방식이다. 유체는 기체,

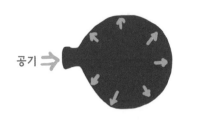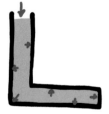

공기 →

유체의 힘 전달 방식

| 그림 33-1 |

액체 등 어디든 자유롭게 흐르는 물체로 힘을 전달할 때도 자유롭다. 한 방향에서 힘을 받더라도 유체는 이 힘을 모든 방향으로 전달한다. [그림 33-1]의 왼쪽 그림처럼 풍선을 생각해 보자. 풍선을 불 때 우리는 풍선 입구에 공기를 불어 넣는다고 생각하지만, 사실은 힘을 주어 공기를 밀어 넣는 것이다. 다만 풍선이 우리가 입으로 공기를 밀어 넣은 쪽으로만 길게 팽창하지 않고 모든 방향으로 균일하게 팽창해 둥글게 부푸는 것일 뿐이다. 유체에 가해진 힘이 모든 방향으로 퍼지며 전달되기 때문이다.

[그림 33-1]의 오른쪽 그림처럼 유체가 들어 있는 관을 니은(ㄴ) 자로 휘어도 유체에 가해진 힘은 관의 반대편 끝을 포함한 모든 부분에 전달된다. 이렇게 자신이 받은 힘을 모든 방향으로 전달할 수 있는 유체의 성질은 굉장히 유용하다.

이 성질을 활용하면 유압이나 공기압으로 복잡한 기계를 움직이는 설계도 가능해진다.

두 번째는 중력이다. 물체를 위로 밀어 올리는 부력을 이해하려면 물체를 아래로 잡아당기는 중력을 알아야 한다니 이 무슨 뚱딴지같은 소리인가 싶겠지만, 정말로 중력이 없으면 부력도 없다. 그래서 무중력 공간에서는 부력의 방향조차 정의할 수 없다. 부력은 중력의 반대 방향으로 작용하는 힘이기 때문이다. 카누가 호숫물에 뜨는 이유를 알기 위해서는 카누가 아니라 호숫물에 작용하는 중력이 중요하다.

어린 시절 한 번쯤은 '인간 탑 쌓기 놀이'를 해본 경험이 있을 것이다. 바닥에 누워 있는 덩치 큰 친구 위에 차례차례 켜켜이 엎드리며 눕는 놀이 말이다. 이 놀이를 해본 사람이라면 알겠지만 가장 아래에 있는 사람은 모든 사람의 몸무게를 버텨야 하기에 가장 큰 압박을 받는다. 깊은 그릇에 담긴 물도 마찬가지다. 물은 유체기 때문에 위에서 받은 힘도 앞, 뒤, 옆, 위, 아래 등 모든 방향으로 전달한다. [그림 33-1]의 오른쪽 그림처럼 가장 아래에 있는 물은 위에 있는 모든 물의 무게를 받고 있다.

유체가 힘을 전달하는 방식과 중력, 이 두 가지를 명심하고 카누를 물 위에 띄워보자. 실제 카누는 너무 복잡하니 상

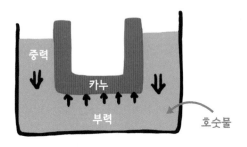

호수에 띄운 카누

| 그림 33-2 |

자 형태로 배를 단순하게 표현하면 [그림 33-2]와 같다. 그런데 가만히 절반만 보면 [그림 33-1]에서 니은 자로 꺾인 관과 비슷하지 않은가?

카누보다 낮은 곳에 있는 물은 자기보다 높은 곳에 있는 물의 무게만큼 중력을 받고, 이 힘으로 카누의 바닥을 밀어 올린다. 만약 카누에 나와 아내가 올라타 무거워졌을 때는 어떻게 될까? 무게가 더해져 카누를 아래로 누르는 힘도 더 커지니 카누는 더 가라앉겠지만, 부력의 관점에서 보자면 오히려 이득이다. 니은 자로 휘어진 관에서 위로 뻗은 관의 길이가 길어진 것과 같은 효과로 위에서 누르는 중력이 무거워진 만큼 배를 위로 밀어 올리는 힘도 더 강해져, 무거운 무게도 버틸 수 있다.

친구 부부와 카누를 타고 호숫가에서 호수의 중심으로 멀리 나아가니 더 이상 단풍들도 제대로 보이지 않는다. 대신 물이 너무 맑아 바닥에 깔린 조약돌과 호수의 표면에 비친 파란 하늘만 보인다. 고요함이 가득한 이곳에서 문득 생각의 가지가 뻗어나간다. 큰 호수에는 얼마나 많은 물이 있을까? 그리고 맨 밑바닥의 물은 얼마나 무거운 무게를 짊어지고 있는 것일까? 이렇게 크고 무거운 호숫물을 아무렇지도 않게 담고 있는 이 거대한 자연이 그저 경이롭다.

하늘을 나는 폭탄 ●

한참 카누를 타며 단풍을 즐기다 이상한 기운에 하늘을 올려다보니 믿지 못할 광경이 펼쳐지고 있었다. 거대한 고래처럼 생긴 비행선이 콘스탄츠호 위를 날아다니고 있었던 것이다. 친구 부부에게 저것이 무엇인지 물어보니 '체펠린비행선'이라고 한다. 이 지역에서 생산되어 운행하는 비행선인데, 지금은 관광용 여객선으로 사용하고 있지만 과거에는 대서양을 횡단하는 국제선으로도 이용했던 모양이다. 그러나 대형 화재 사고 이후로 국제선 용도로는 더 이상 쓰지 않고 있다고 한다.

체펠린비행선에 화재 사고가 발생했던 이유 중 하나는 수소 때문이었다. 수소는 한 개의 양성자와 한 개의 전자로 이루어진 수소 원자 두 개로 구성되어 있다. 기체 중에서도 가장 가벼운 기체라 공기 중으로도 쉽게 뜰 수 있다. 그러나 불에 닿으면 산소와 반응해 빠르게 타버린다. 바로 수소의 이 성질이 화재 사고를 일으켰다.

수소가 산소와 반응하면 연소하는 이유는 이 반응으로 많은 에너지를 빠른 시간에 밖으로 내보낼 수 있기 때문이다. 이를 제대로 제어하지 못하면 불길이 걷잡을 수 없이 빠르게 올라 순식간에 거대한 폭발로 이어지지만, 잘만 이용한다면 수소를 이용해 깨끗한 불꽃을 만들 수 있다. 연소 후 그을음이나 이산화탄소가 발생하는 화석연료 가스와는 다르게 수소는 연소해도 물밖에 남지 않는다. 요즘같이 탄소 발생량을 줄이기 위해 전 인류가 노력할 때 이보다 깨끗한 연료도 없는 것이다.

수소를 잘 사용한다면 이론적으로는 대부분의 화석연료를 대체하는 것도 가능하다. 전기와 열을 생산하거나 교통수단에 쓰이는 연료가 현재 탄소발자국을 가장 크게 남기는 연료들인데, 여기에 수소를 사용할 수 있기 때문이다. 하지만 이런 바람은 그저 '이론'일 뿐 수소의 제대로 된 사용은 초전도체에 대한 이해만큼이나 요원해 보인다. 수소가 기존의 화석연료들을 대체하려면 생산·수송·저장 등에서 화석연료보다 월등하게 용이해야 하고, 안전해야 하며, 경제적이어야 하기 때문이다.

그래서 막스플랑크연구소를 포함해 과학계에서는 수소 연구가 한창이다. 수소는 흔한 기체임에도 다루기가 어렵다. 액화 천연가스처럼 액체로 만들어서 사용하거나 저장할 수 있다면 부피도 줄고 다루기도 쉬울 텐데, 대기압 조건에서 수소를 기체 상태에서 액체 상태로 만들려면 영하 253도까지 온도를 낮추어 냉각시켜야 하니 액화 자체가 쉽지 않다. 게다가 수소를 정제해서 전기를 만들려면 아주 비싼 금속이 필요하다. 바로 '플래티넘platinum'이라 불리는 백금이다.

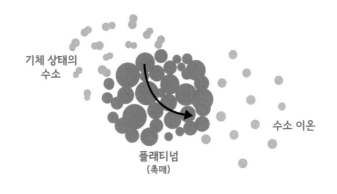

| 그림 34 |

수소는 양성자와 전자가 각각 한 개씩, 즉 두 개의 원자가 묶여 있는 상태지만 수소를 통해 에너지를 만들어내기 위해서는 두 원자 사이의 결합을 끊어야 한다. 수소가 불에 타거나 폭발할 때는 그 열이 수소 사이의 결합을 끊고 산소와 빠르게 결합하게 하여 발생한 열을 방출시킨다. 그리고 방출된 열로 인해 다른 수소 사이의 결합이 끊기는 연쇄반응이 일어난다. [그림 34]처럼 플래티넘은 따로 에너지를 공급하지 않아도 수소의 결합이 끊어질 수 있도록 해준다. 화학에서는 이런 역할을 하는 물질을 '촉매'라고 한다.

수소의 결합을 쉽게 끊을 수 있으니 수소 활용에 플래티넘이 핵심 역할을 하는 것은 당연하다. 하지만 여기에도 경제적 문제로 인한 자원 사용의 한계가 있다. 우리가 이 백금이라는 '귀금속'을 촉매로 사용하기 위해 대량으로 쏟아붓지 않으려면 플래티넘을 대체할 물질이나 적은 양의 플래티넘으로도 효율적으로 수소의 결합을 끊어낼 수 있도록 돕는 물질을 찾아야 한다. 그래서 물질을 합성하는 물리학자인 나 또한 새로운 물질을 찾기 위한 연구에 참여하고 있다. '팔라듐palladium'이라는 또 다른 백금이 포함된 물질들이 대체 물질 후보군으로 꼽히고 있는데, 어차피 팔라듐도 결국 귀금속이다. 수소는 정말 비싼 것을 좋아하는 모양이다.

비행 속도가 느린 체펠린비행선은 내가 생각에 빠져 있는 동안에도 여전히 내 머리 위에 있다. 잠시나마 연구를 잊고 자연을 만끽하려고 왔는데, 여기까지 와서 또 이런 생각을 하고 있다니 이쯤 되면 연구 중독은 아닌지 걱정이다. 그래도 수소가 모든 화석연료를 대체하게 될 때를 상상하면 막연한 기대감이 차오르는 것은 어쩔 수 없다. 멋진 엔진음을 내며 아우토반을 달리는 고급 자동차들의 수는 적어지겠지만, 인류를 포함해 지구상에 존재하는 모든 동식물을 위한 정상 기후는 되찾을 수 있지 않을까? 어린 시절 상상으로만 그리던 매연 없는 자동차가 거리를 다니고, 더 이상 기름을 태우지 않아도 되는 세상이 될지도 모른다.

가을은
야구의 계절

_레이다, 수직항력, 강속구

    독서, 단풍, 천고마비 등 가을을 말하는 단어는 여러 가지가 있지만 스포츠 팬에게 가을이란 '야구'다. 한국프로야구 KBO의 정규 리그가 끝난 뒤 상위 다섯 팀을 대상으로 치르는 포스트시즌 경기가 열리기 때문이다. 나는 스포츠를 관람하는 것보다 직접 하는 것을 선호하지만, '삼성라이온즈의 파란 피'가 흐르는 아내는 가을이면 언제나 야구 경기 개막 시즌을 기다린다. 시차 때문에 생중계로 경기를 관람하기는 어려워도 아내는 시즌이 되면 매일 경기 결과와 선수들의 근황을 확인한다. 말 한 번 섞어본 적 없는 사람들이 뛰는 경기에 희비가 엇갈리는 것을 보면 아내는 정말 공감 능력이 뛰어난 사람이다. 아내는 오늘도 인터넷이 연결된 TV로 야구 경기를 틀었다.

첨단 기술이 된 메아리 ●

    이미 결과를 알고 있는 경기지만 아내는 숨죽인 채 응원하는 투수의 피칭을 지켜보았다. 투수의 손을 떠난 공이 날아가 포수의 글러브 안에 들어갔다. 스트라이크다! 화면 아래에 뜬 구속을 보니 시속 140킬로미터 초반대다. 야구 경기는 직접 해본 적이 없어 이 구속이 얼마나 위협적인지는 모르겠지만 내가 아우토반에서 달리던 속도 정도니 빠른 공인 것은 틀림없다. 어찌 되었든 타자도 공을 치지 못했으니 말이다.

    야구 팬이 아닌 사람의 입장으로 생각해 보면 야구는 참 특이한 스포츠다. 축구, 농구, 럭비 등의 구기종목들은 범인凡人을 뛰어넘는 신체 능력이 있는 선수들이 몇 시간 동안 쉬지 않고 경기장을 종횡무진하는 데 비해 야구는 오랜 시간 숨죽이고 지켜보다가 공이 움직이는 짧은 시간 안에 모든 일이 후다닥 일어난다. 그래서인지 선수가 얼마나 빠르고, 얼마나 높이 뛰는지에 집중하는 다른 구기종목들과 달리 야구에서는 공의 움직임과 속도에 더 많이 집중하는 듯하다.

    사실 야구 경기장은 공의 움직임을 관중에게 알리기 위한 다양한 과학 기술이 작동되고 있는 공간이다. 첫 번째 기술은 구속을 측정하는 기술이다. 성인 남성의 주먹보다 작은 공이 시속 140킬로미터가 넘는 속도로 날아간다는 사실을 어떻게 아는 것일까? 자동차처럼 공 안에 계기판이 달려 있는 것도 아닌데 말이다. 이 기술에 대한 힌트는 바로 메아리에서 찾을 수 있다.

산속에서 "야호!"라고 소리치면 시간이 얼마 지나지 않아 같은 소리가 메아리처럼 돌아온다. 요즘에는 산에 가도 메아리를 듣기 위해 소리치는 사람이 거의 없지만, 어릴 때만 해도 산에 오르면 어른, 아이 할 것 없이 반대편을 향해 소리치고는 했다. 이 메아리의 정체는 바로 내가 친 소리다. 반대편 산이나 계곡의 벽에 부딪혀 내게 돌아와 들리는 것이다.

공기 중에서 소리는 1초당 340미터를 움직인다. 내가 낸 소리와 메아리가 낸 소리의 시간차를 계산하면 반대편 산이 얼마나 멀리 있는지도 알 수 있다. 예를 들어 메아리가 2초 후에 들렸다면 소리가 반대편 산에 도착하기까지 1초, 다시 돌아오는 데 1초 걸렸을 테니 나와 반대편의 산은 340미터 떨어져 있다.

굉장히 간단한 원리지만 이 원리를 활용하면 최첨단 장비까지 만들 수 있다. 전쟁 영화를 보면 종종 화면에 동그란 원이 있고, 그 원에 적군의 비행기 위치가 점으로 표시되는 장면이 나온다. 이때 사용되는 장비는 '레이다RADAR'다. 'RAdio Detection And Ranging'의 약자로, 직역하면 '무선 탐지 및 거리 측정'이다. 전 세계적으로 널리 사용되는 장비다 보니 약자가 고유명사로 굳어졌는데, 바로 이 레이다가 놀랍게도 메아리를 활용한 기술이다. 대신 소리가 아닌 전파를 활용한다.

지금도 널리 사용되는 기술이지만 레이다의 핵심이 되는 물리학적 원리는 19세기까지 거슬러 올라간다. 독일의 물리학자 하인리히 헤르츠Heinrich Hertz는 실험을 통해 그동안 이론상으로만 예측할 수 있었던 전파(전자기파)의 존재를 최초로 증명했다. 전파를 연구하던 그는 전파가 금속성 물체에 반사된다는 사실을 발견했다. 그 덕분에 훗날 레이다 기술도 개발할 수 있었다.

레이다는 여러 파장의 전파 중에서 라디오파를 활용한다. 라디오파는 공기 중에도 잘 흡수되지 않고, 물체에도 잘 반사되기 때문이다. 레이다에서 흔하게 사용되는 파장의 길이는 3밀리미터에서 30센티미터 사이인데, 전파를 쏘아 보낸 시간과 전파가 반사되어 돌아온 시간의 차이를 통해 물체와의 거리를 알아낸다. 이때 쏘아 보낸 전파를 감지하기 위해 안테나를 사용한다. 이 안테나를 사방에 설치하거나 빠른 속도로 회전시켜 모든 방향의 전파를 측정한 다음 물체를 찾아 동그란 화면 위에 표시해 주는 것이다.

파장의 길이가 긴 전파를 사용하는 레이다는 멀리 있는 큰 물체를 감지하는 데 유리해서 항공용이나 군사용으로 쓰인다. 실생활에서는 레이다보다 '라이다LiDAR' 기술이 더 많이 사용되고 있다. 라이다는 파장의 길이가 긴 전파 대신 파장의 길이가 짧은 적외선을 사용하는 기술이다. 적외선은 공기중에 쉽게 흡수되기 때문에 먼 거리의 물체를 탐지하기 어렵다. 하지만 짧은 거리의 물체는 효과적으로 탐지할 수 있다. 게다가 커다란 안테나를 사용해야 하는 레이다와는 달리 라이다는 레이저를 사용해 만든 작고 강한 광선을 이용한다. 예를 들면 자율주행자동차가 주변 자동차를 탐지하거나 로봇 청소기가 주변 장애물들을 감지하는 데 라이다 기술이 사용된다.

그렇다고 해서 실생활에서 레이다의 사용이 완전히 사라졌다는 말은 아니다. 레이다도 여전히 활약하고 있다. 레이다는 물체의 위치뿐 아니라 속도도 효과적으로 측정할 수 있기 때문이다. 바로 아우토반을 달리며 살펴보았던 도플러효과를 이용하는 방법이다. [그림 35]를 살펴보자.

안테나에서 처음 전파가 발생할 때는 정해진 파장을 갖지만, 움직이는 물체에 반사되어 나오면 도플러효과로 파장이 바뀌게 된다. [그림 35]처럼 만약 물체가 안테나 쪽으로 다가오고 있는 경우라면 전파의 파장은 짧아지며, 물체의 속도가

전파가 안테나에서 멀어질 때

안테나
(스피드건)

전파가 안테나와 가까워질 때

움직이는 물체에서의 도플러효과

| 그림 35 |

빨라질수록 그 정도는 더 심해진다. 레이다는 이렇게 달라진 전파의 파장을 분석해 물체의 속도를 알아낼 수 있다. 그래서 고속도로에서 과속을 단속하기 위해 스피드건을 사용하거나 야구장에서 구속을 측정할 때도 레이다를 사용한다.

앗, 지금 막 투수가 두 번째 공을 던지기 위해 공을 가슴 위치까지 들어 올렸다. 구속을 측정하기 위해서 야구장의 스피드건도 야구공을 조준했을 것이다. 투수가 던진 두 번째 공도 포수의 글러브에 안착했다. 투 스트라이크. 타자는 야구 배트를 앞으로 내밀지도 못했다. 전파가 빛의 속도로 투수의 공을 맞고 나와 측정한 속도는 무려 시속 160킬로미터다. 이제 스트라이크를 하나만 더 먹으면 '삼진아웃'이다. 타자에게는 위기의 순간. 이제는 헛스윙이라도 휘둘러야 할 때다. 잠깐, 아내가 지금 숨은 쉬고 있나?

손가락 한 마디만
벗어나도

다행히 아내는 "삼구! 삼진!"을 외치며 경기를 관람하는 중이었다. 투수가 고개를 한 번 끄덕인 뒤 던진 공은 다시 포수의 글러브에 안착했다. 이번에는 포수가 조금 아슬아슬하게 공을 잡은 것 같았는데 아니나 다를까 심판은 볼이라고 판정을 내렸다. 타자도 이미 볼일 것이라고 예상했는지 배트를 휘두르지 않았다. '삼구 삼진'의 기회는 날아갔지만, 경기는 여전히 투수에게 유리하다. 타자는 긴장할 수밖에 없는 상황이다.

네 번째 공. 화면에서 들리는 관중의 함성은 이미 백색소음이 된 지 오래다. 공이 투수의 손에서 밀려 나가자마자 타자가 배트를 휘둘렀다. 공은 높이 날아가고, 아내의 눈에 당황한 기색이 엿보인다. 하지만 다행히 앞이 아닌 위로 날아가며 파울이 선언되었다. 경기에 집중하던 아내가 마음에 여유가 생겼는지 갑자기 질문을 던졌다.

"그런데 야구 배트를 앞으로 휘둘렀잖아. 공은 왜 위로 날아가는 거야?"

이제는 내가 당황할 차례다. 아내는 가끔 이렇게 정곡을 찌르는 날카로운 질문을 던진다. 하지만 맞다. 공을 앞으로

친다면 당연히 앞으로 날아가야 하는 것이 맞는데, 어째서 이 공은 위로 높이 솟구친 것일까?

　야구뿐 아니라 많은 스포츠에서 도구를 사용해 공을 친다. 테니스와 배드민턴은 목이 길고 넓적한 그물망으로, 탁구는 넓적한 나무판으로, 골프는 기다란 막대 끝에 달린 납작하고 무거운 머리로 친다. 이렇게 넓적하고 단면이 평평한 라켓이라면 아내 말이 맞다. 날아오는 공이나 가만히 있는 공을 쳤을 때 라켓을 휘두른 방향으로 공이 날아가야 한다. 실제로 테니스나 배드민턴, 골프 경기에서 공이 위쪽이나 뒤쪽으로 날아가는 경우는 아주 드물다. 하지만 야구에서 파울 판정을 받는 공은 위쪽이나 뒤쪽으로 날아가는 경우가 비일비재하다.

　야구 경기에서 쓰는 야구 배트는 여러 종목에서 사용하는 도구 중에서도 단연 특이하다. 배트로서는 보편적인 형태겠지만 공을 치는 라켓으로서는 전혀 적절하지 않다. 야구공과 크게 다르지 않은 너비라 공을 정확히 치기도 어려운데, 심지어 둥글게 생겼다.

　야구와 비슷하게 공을 던지고 치는 스포츠인 크리켓을 살펴보면 배트의 형태가 넓적하다. 이렇게 보면 야구는 의도적으로 공을 치기 어렵게 만든 것처럼 보일 정도다. 야구 배트처럼 단면이 둥글면 충돌 후 공의 방향을 제어하기가 어렵다. 충돌에는 물리학에서 말하는 '수직항력'이 중요하게 작용하기 때문이다.

가장 간단한 형태의 충돌을 생각해 보자. 평평한 면에 공이 날아와 부딪히는 경우다. 이때는 공이 평평한 면에 부딪혀 반대 방향으로 날아간다. 이 상황을 좀 더 물리학적으로 보려면 [그림 36-1]처럼 공의 속도를 평평한 면에 수직인 방향과 수평인 방향으로 나누어 생각하면 좋다.

우선 평평한 면과 수평인 방향으로 충돌하면 공의 속도가 변하지 않는다. 평평한 면이 공에 작용할 수 있는 힘은 위로 올리는 힘이기 때문이다. 우리가 손바닥으로 상대를 밀치는

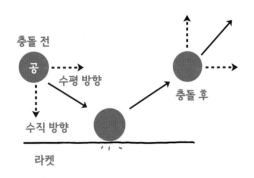

평평한 라켓으로 공을 칠 때

| 그림 36-1 |

게임을 할 때 앞으로만 밀어낼 수 있고, 옆으로는 힘을 가할 수 없는 것도 같은 이유다. 수직 방향으로 충돌하면 공의 속도의 방향이 반대로 바뀐다. 수직 방향의 힘만 받았기 때문이다.

그렇다면 이번에 둥그런 면에 공이 충돌했다고 하면 어떻게 될까? 사실 둥그런 면도 계속해서 확대해 보면 평평한 면과 크게 다를 바 없다. 대신 그 면이 조금 기울어져 있을 뿐이다. [그림 36-2]처럼 둥그런 면에 충돌하는 공은 기울어진 평평한 면에 충돌하는 것과 같다. 그러니 평평한 면에서의 충돌과 다르지 않다. [그림 36-1]에서처럼 평평한 면의 위치에 따라 수평과 수직 방향으로 나누어 생각하면 된다. 하지만 이 경우에는 공이 배트에 닿는 위치에 따라 접촉하는 면의 기울기가 달라진다는 문제가 발생한다.

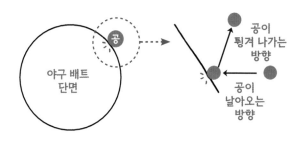

야구 배트로 공을 칠 때

| 그림 36-2 |

공이 배트의 정가운데에 맞았을 때는 쉽다. 이렇게 충돌한 경우 공의 속도의 방향도 수직만 남기 때문에 정면에서 날아온 공이 그대로 반대 방향으로 날아가게 된다. 그렇다면 공이 배트의 위쪽에 맞았을 때는 어떻게 될까?

[그림 36-2]처럼 배트의 중앙보다 위쪽에 부딪힌 공은 기울어진 평평한 면에 충돌한 것과 같다. 공이 45도 기울어진 면에 맞았다고 가정한다면 정면에서 날아온 공일지라도 위로 솟구치게 된다. 공이 여기에서 조금 더 벗어난 곳에 맞는다면 오히려 뒤로 날아가 버릴 수도 있다.

야구에 진심인 사람이라면 이 부분에서 반문할 수도 있겠다. 실제 상황에서는 야구 배트가 가만히 있는 것이 아니라 공을 향해 빠른 속도로 휘둘러진다고 말이다. 맞는 말이다. 하지만 물리학에서는 공이 배트로 날아오는 것과 배트가 휘둘러져 공에 다가가는 것에 큰 차이가 없다. 그러니 배트를 휘두르는 상황이라고 해도 그저 날아오는 공의 속도에 휘둘러지는 배트의 속도가 더해질 뿐, 배트에 빗맞아 공이 위쪽혹은 뒤쪽으로 날아가 버리는 결과는 똑같다.

그렇다면 공이 배트 중앙에서 몇 센티미터를 벗어나야 위로 솟구치는 파울볼이 되는지 계산해 보고 싶지 않은가? KBO 규정에 따르면 배트의 지름은 6.6센티미터보다 작아야 한다. 이를 기준으로 계산해 보니, 배트 중앙에서 단 2.3센티미터 벗어난 윗부분에 공이 맞으면 공은 앞으로 날아가지 못하고 위로 솟구친다. 2.3센티미터······! 고작 손가락 한 마디만 벗어나도 바로 파울볼이 되는 것이다. 그럼에도 실력이 뛰어난 타자들은 파울과 안타를 선택해서 칠 수 있다고 하니 그저 놀라울 따름이다.

바람을 가르는 공을 던지려면

공을 치는 일이 어렵다고는 하지만, 투수와 타자 사이의 대결에서 불공평한 쪽은 오히려 투수다. 물론 공격과 수비라는 측면에서 보면 수비를 하는 쪽의 선수가 훨씬 많으니 더 유리할 것이라고 생각할 수도 있다. 그러나 일대일 대결에서 타자는 연장을 쓰고 투수는 연장을 쓰지 못한다. 물론 얼마나 많은 사람이 내 의견에 동조해 줄지는 모르겠다. 그래도 이종격투기에서 검도 선수와 권투 선수가 서로의 대결 상대가 되는 것과 비슷하지 않을까?

아무튼 커다란 배트를 든 타자와는 달리 투수는 맨몸으로 경기장에 오른다. 그리고 온몸을 이용해 최대한 타자가 치기

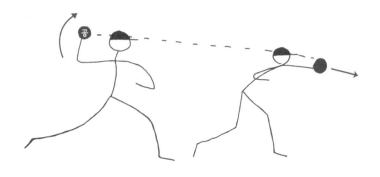

빠른 직구를 던지는 투수의 자세

| 그림 37 |

어려운 공을 던지기 위해 노력한다. 커브볼, 포크볼, 슬라이더 등 여러 변화구도 투수가 가질 수 있는 무기겠지만 그래도 기본기는 뛰어난 신체와 기술에서 나오는 빠르고 탄탄한 직구일 것이다. 공을 빠르게 던지려면 단순히 힘이 전부라고 생각할지도 모른다. 하지만 물리학적 관점에서 보면 힘은 강속구의 전부가 아니다.

[그림 37]은 투수의 투구 자세를 아주 간단하게(?) 표현해 본 그림이다. 팔은 어깨의 관절을 통해 몸에 연결되어 동그랗게 돌아가니 공을 던질 때의 궤적도 동그란 원을 그리는 것이 자연스럽다. 하지만 실제로 공을 던지는 모습을 옆에서 보면 궤적은 직선에 가깝다. 공을 던지는 동안 팔과 어깨

말고도 여러 관절이 움직이며 공을 직선으로 밀어줄 수 있게 돕는 것이다.

강속구를 던지려면 얼마나 강한 힘을 주어야 할까? 쉽게 이해하기 위해 이번에도 상황을 간단하게 만들어보자. 공은 거의 직선으로 움직이니 이 직선 구간에서만 일정한 힘을 받을 수 있다고 가정한다면, 공은 던지는 힘과 움직인 거리를 곱한 만큼의 에너지를 전달받는다. 이 에너지는 공의 운동에너지로 전환된다. 보통 강속구는 시속 150킬로미터고, 투수의 팔 길이를 고려해 공에 힘을 주는 구간이 1미터라고 가정한다면 이 상황에서는 야구공에 126뉴턴(N)의 힘을 일정하게 주어야 한다는 결론이 나온다('뉴턴'은 힘의 단위다).

126뉴턴은 대략 13킬로그램의 무게를 들 수 있는 힘이다. 두세 살 난 아기 몸무게 정도니 사실 그렇게 큰 힘이 드는 일은 아니다. 오히려 겨우 이 정도의 힘으로 강속구를 던질 수 있다는 사실이 더 의아할지도 모른다. 하지만 투구 내내 공을 따라가며 이 힘을 일정하게 내는 것은 아주 어렵다. 팔꿈치를 비틀고, 머리 높이까지 손을 올린 상태에서 이런 힘을 앞으로 내던져야 한다. 즉 같은 자세로 벤치에 누워 13킬로그램짜리 공을 손에 올려놓은 다음 머리 뒤쪽에서부터 완전히 팔을 뻗을 때까지 투수의 투구 자세를 따라할 수 있어야 하는 것이다(그냥 글자만 보아도 쉽지 않은 일이고, 위험하기도 하니 절대 시도하지는 말자).

강속구를 던지기 위한 방정식에 따르면 힘의 크기만큼 힘을 주는 거리 또한 중요하다. 팔다리가 길어 더 긴 구간 동안 공에 힘을 줄 수 있다면 더 적은 힘으로도 강속구를 던질 수 있다. 같은 원리로 총구가 길수록 총알은 더 먼 거리를 날아갈 수 있다. 총구를 지나는 사이에 총알에서 화약이 터지며 전달되는 힘을 받기 때문이다. 그래서 먼 곳을 저격할 때 사용하는 총은 길다. 권총처럼 총구가 짧으면 총알은 멀리 날아갈 수 없다.

이론상으로는 야구 선수의 팔이 두 배로 길어지면 절반의 힘으로도 같은 속도의 공을 던질 수 있다. 같은 힘이라면 팔다리가 긴 선수가 더 유리한 것이다. 그래서 그런지 강속구를 던지는 투수들을 보면 대부분 180센티미터 후반대나 190센티미터대의 장신인 경우가 많다. 미국 메이저리그에서 활약했던 류현진 선수의 키도 190센티미터가 넘고, 세계 최고의 투수 오타니 쇼헤이 선수의 키도 193센티미터다.

마운드 위의 투수가 공을 가슴으로 가져가며 다섯 번째 공을 던질 준비를 한다. 지금 보니 이 선수도 180센티미터는 족히 넘을 만치 키가 크다. 손을 뒤로 뻗어 공을 뒤로 보내고 앞으로 한 걸음 크게 내디디며 공중에 공을 던진다. 프로 야구 선수인 만큼 아마 이 투수도 투구 자세에 숨겨진 물리학을 이해하고서 긴 거리로 힘을 주려는 것이 아닐까? 투수의 손을 떠난 공은 포수의 글러브 안에 안착했다. 스트라이크다. 이번 회차 삼성라이온즈의 수비는 이것으로 끝났다. 아내도 이제야 긴장이 풀린 듯 소파에 다시 등을 붙였다. 이제 공격을 위한 응원을 할 차례다.

더도 말고
덜도 말고
한가위만 같아라

_달, 액상 에피택시, 태양전지

평소와 다를 것 없는 퇴근길. 스마트폰을 열어 메신저를 확인하니 읽지 않은 문자가 100통이 넘었다. 종일 단체 메시지방에서 추석을 맞아 명절 인사가 정겹게 오갔나 보다. 독일은 여느 때처럼 평범한 평일인데, 메시지만 읽어도 한국의 명절 분위기가 물씬 느껴진다.

독일에서 일하게 된 후 부모님은 명절에 함께하기 어렵게 된 것을 항상 아쉬워하시지만, 성인이 되자마자 계속 타지에서 생활해서인지 나는 이제 좀 무뎌진 듯하다. 그래도 정월 대보름이면 부럼을 깨서 창밖에 던지고, 동짓날 다 함께 팥죽을 먹고, 추석이면 온 가족이 모여 송편을 빚는 등 어린 시절 가족들과 함께 보냈던 명절은 여전히 추억으로 남아 있다. 특히 추석 때는 밤에 집의 모든 불을 끄고 베란다에 앉아

같이 커다란 보름달을 구경하기도 했는데, 지금 저 하늘에 떠 있는 것처럼 크고 탐스러운 달이었다.

그믐에서 보름까지 ●

　단체 메시지방에서 오간 인사 중 단연 1등은 "즐거운 한가위 보내세요"라는 말이었다. 한가위는 순우리말로 크다는 의미의 '한'과 가운데라는 의미의 '가위'가 합쳐진 단어라고 한다. 이름 그대로 추석은 음력 8월 15일, 8월의 한가운데 날이다. 음력 월의 1일부터 차오르는 달은 15일인 보름이면 꽉 찬 후 말일이 되면 아주 얇은 그믐달이 되니 추석은 '8월 한가운데, 가장 큰 달이 뜨는 날'인 것이다. 달의 위상을 기준으로 하는 음력은 우리 문화에 깊숙하게 자리한 문화다. '월月'이 달을 의미하는 한자인 것은 물론이고 한 달, 두 달 날짜를 셀 때도 우리는 '달'이라는 단어를 그대로 사용한다.

　지금은 스마트폰으로 원할 때마다 날짜를 쉽게 확인할 수 있지만, 과거에는 자연을 통해 날짜를 가늠해야 했다. 음력은 우리가 하늘에서 확인할 수 있는 가장 큰 천체인 달을 기준으로 하니 이보다 관측이 편할 수가 없다. 하지만 자연은 인간의 편의대로 딱딱 맞추어 움직이지 않는다. 달도 정확히 하루 단위로 끊어가며 움직이지 않는다. 달의 모양이 바뀌는 주기는 약 29.5일이다. 오늘 보름달을 보았으니 대략 29.5일 후에나 다시 보름달을 볼 수 있다. 그래서 양력으로는 한 달이 보통 30일이나 31일인 데 반해 음력으로 센 한 달은 29일과 30일이 번갈아 가며 있다.

바로 이 지점에서 현대에 음력을 사용하지 않게 된 이유를 찾을 수 있다. 1년이 366일인 윤년을 제외하면 1년은 365일이다. 365일을 31일로 나누면 11.77일이고, 30일로 나누면 12.16일이다. 즉 매달을 31일로 두면 1년을 채우기에 일수가 너무 많아지고, 30일로 두면 일수가 부족해진다. 그래서 29일, 30일, 31일을 적절히 조합해서 1년을 채우는 것이다. 하지만 365일을 달의 모양이 바뀌는 주기인 29.5일로 나누면 12.37일이 된다. 달이 열두 바퀴를 돌아도 1년 일수를 채우지 못하고 매달 3분의 1일이 부족해지기에 음력을 사용하지 않게 되었다.

그렇기에 양력이 아닌 음력으로 생일을 챙기게 되면 매번 다른 날짜에, 심지어는 다른 계절에 생일을 챙기게 되는 경우가 발생하기도 한다. 이런 해와 달의 불일치를 해소하기 위해 음력 달력에는 대략 3년에 한 번꼴로 '윤달'을 넣는다. 그래서 특정 연도에 같은 달이 두 번 반복되기도 한다. 2025년에도 윤달이 있다. 음력 6월이 끝난 후 윤달 6월이 다시 시작된다. 음력으로 보면 6월이 두 번이나 있는 것이다.

한편 영어로 설날(구정)을 말할 때는 'Lunar new year'라고 말한다. 마치 아시아권에서만 달을 기준으로 날짜를 헤아린다고 생각하기 쉽지만, 오래전으로 거슬러 올라가면 유럽에서도 달을 기준으로 날짜를 셌다. 영어에서 '월'을 의미하는 단어는 'Month'고, 독일어에서는 'Monat'인데, 각각 하늘의 달을 의미하는 영어 단어인 'Moon'과 독일어 단어 'Mond'와 관련이 있다.

달이 매일 모습을 바꾸는 이유는 지구 주변을 공전하며 태양과 지구, 달의 상대적 위치가 계속 바뀌기 때문이다. 달은 스스로 빛을 내지 못하는 돌덩이지만, 태양광을 받아 간접적으로 빛을 낼 수 있다. 지구상의 거의 모든 물체도 달과 마찬가지다. 태양광을 받지 못하면 빛을 낼 수 없는 물체가 대부분이다. [그림 38-1]처럼 위치에 따라 달은 초승달, 상현달, 하현달, 보름달 등 다양한 모습을 갖는다. 지구를 기준으로 달이 태양과 반대 방향에 있다면 오늘 밤하늘처럼 보름달이 뜨는 것이다.

혹시 지구의 그림자에 가려 보름달을 보지 못할까 하는 걱정은 하지 않아도 된다. 달이 지구 주위를 공전하는 궤도는 5도 정도 기울어져 있다. 그래서 태양과 지구, 달이 일직선상에 놓

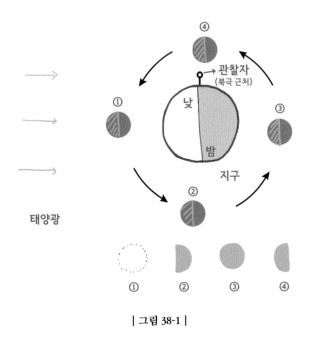

낮

밤

④

①

③

②

관찰자
(북극 근처)

지구

태양광

①　　②　　③　　④

| 그림 38-1 |

이는 일은 그렇게 자주 일어나지 않는다. 이런 경우는 정말 꽤
드물어서 때때로 사람들은 일부러 이 순간을 기다리기도 하는
데, 이를 두고 '개기월식'이라고 한다. 원래는 보름달이어야 하
는 날이지만, 개기월식이 일어나면 지구 그림자에 달이 완전히
가려 보이지 않는다.

　달이 매일 모습을 바꾼다고 해도 사실 우리가 볼 수 있는
면은 항상 같은 면이다. 같은 면에 그저 조명이 비추는 방향
이 바뀌어서 다르게 보이는 것뿐이다. 스스로 돌지 않고 가
만히 있는 공 모양의 천체라면 지구 주위를 돌면서 우리에게

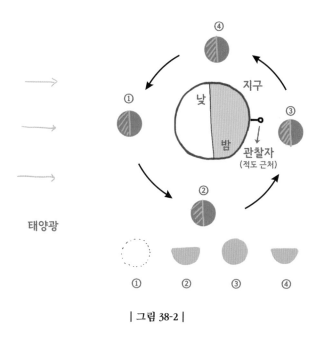

| 그림 38-2 |

모든 면을 보여주어야 하지만, 마치 얼굴이라도 있는 것처럼 달은 자전으로 몸을 돌려가며 우리에게 계속해서 같은 면만 보여준다. 마치 뒤통수 대신 자신의 얼굴만 보여주려고 하는 것처럼 말이다. 그래서 우리가 아는 달의 형태는 항상 같은 모양의 어두운 크레이터crater가 새겨진 모습이다.

하지만 지구의 모든 곳에서 달이 완벽하게 똑같은 모습만 보이는 것은 아니다. 위도에 따라 달의 방향은 다르게 보인다. 한국에서는 오른쪽부터 초승달로 차올라 보름달이 되고, 왼쪽으로 사라지며 그믐달이 되는 데 비해 적도 근방의 국가에서는 [그림 38-2]처럼 아래쪽부터 달이 차오르기 시작한다. 여기에서 반전은, 아래쪽부터 차오른 달이 예쁘게 입꼬리를 올리며 웃는 입 같은 모양이 되었다가 위쪽으로 사라지는 것이 아니라 다시 같은 모양을 반복하며 아래쪽으로 사라진다는 것이다. 적도 근처에 서 있는 사람은 밤이 되면 태양이 발밑에 있는 격이니, 당연히 태양광을 받아 빛나는 달도 언제나 아래쪽이 밝게 빛날 수밖에 없다.

한국과 독일은 위도가 비슷해서 그런지 먼 타국에서도 퇴근길을 비추는 달은 고향에서 보던 달과 익숙한 느낌이다. 초승달이 기울어진 정도는 조금 다르겠지만 거의 느끼지 못할 정도다. 한국보다는 광공해光公害가 더 적어 왠지 더 밝게 빛나는 듯한 기분이다. 보름달 표면은 토끼가 절구질하던 곳의 모습 그대로다. 항상 조명이 길을 비추던 도시에서 살 때는 느끼지 못했지만 가로등도 없는 오솔길을 따라 퇴근하다 보니 이제는 조금 알 것 같다. 왜 그리 옛날 사람들이 밝게 빛나는 달을 보며 달빛을 묘사했는지, 그 달빛은 그들의 삶에 얼마나 큰 부분이었을지 말이다.

엘리자베트
바우저의 집념

    연구소를 나서 집에 가려면 작은 오솔길을 지나야 한다. 연구소에서 숲의 초입까지 나 있는 이 길은 '엘리자베트바우저길'이다. 길 이름을 나타내는 표지판 아래에 'Dr. Elisabeth Bauser, 1934~1996, Physikerin'이라 적혀 있다. 마지막 단어 '퓌지케린'은 독일어로 여성 물리학자를 뜻한다. 독일어는 직업을 표현한 단어에서조차 남녀가 구분되는데, 남성 물리학자는 '퓌지커Physiker'라고 한다.

    바우저는 1996년에 병으로 세상을 떠날 때까지 1971년부터 막스플랑크연구소에서 '에피택시 그룹'을 이끌었던 물리학자다. 지금은 여성 과학자가 많아져서 독일에서도 여성 물리학자의 비율이 이전만큼 낮지는 않지만, 당시에는 그 수가 많지 않았다. 바우저는 한 연구팀을 성공적으로 이끈 여성 과학자 리더였을 뿐 아니라 독일의 반도체 박막 연구에서도 가장 유명한 연구자였다. 그의 연구팀에서 만든 반도체 박막의 품질은 세계 최고 수준이어서 당시 막스플랑크연구소가 세계의 반도체 물리학 연구를 주도하는 데 적지 않은 역할을 했다.

바우저의 연구팀은 현재 내가 소속된 박막 기술 그룹으로 맥을 이어오고 있다. 지금도 실험실 캐비닛 안에는 바우저가 연구팀 리더일 때 쓰던 부품과 재료가 그대로 보존되어 있다. 그때의 부품들을 자세히 보면 지금 우리 팀이 쓰고 있는 것과는 완전히 다르다. 물론 바우저는 규소나 갈륨비소 같은 반도체 물질들을 주로 연구했고, 이후 금속산화물 박막이 주로 연구되면서 재료가 바뀌게 되어 부품들도 변경되었을 것이다. 그럼에도 부품을 살펴보면 대부분 박막을 만드는 데 사용했으리라고 생각하기 어려운 기계 부품들이 많다.

이렇게 지금 부품과 종류가 다른 이유는 당시 바우저의 연구팀에서 완전히 다른 기술을 사용해 박막을 만들었기 때문이었다. 이 기술은 '액상 에피택시'라고 불리는 기술이다. 액체를 이용한 박막 합성 기술이라니. 지금은 기체 상태나 플라스마 상태의 물질이 진공을 가로질러 날아가 기판 위에 쌓여서 박막이 합성된다. 우리가 앞에서 살펴본 분자선 에피택시가 가장 대표적인 합성 장비다. 어떻게 액체를 이용해서 반도체 물질을 만든다는 것일까?

쉽게는 반도체 물질을 액체 상태가 될 때까지 가열해 녹여서 사용하는 것이 아닐까 하고 예상하겠지만, 그렇지 않다. 비밀은 의외로 간단한 곳에 있다. 바로 '과포화용액'을 사용하는 것이다.

물에 소금이나 설탕을 녹여본 경험은 누구나 있을 것이다. 소금이나 설탕같이 물에 녹는(용해) 고체를 '용질', 물처럼 녹이는 물질을 '용매'라고 하며 용질과 용매가 섞인 결과물을 '용액'이라고 한다. 용질이 용매에 녹는 양에는 한계가 있는데, 더 이상 녹지 않을 때까지 녹아든 용액이 '포화용액'이다.

용질은 대개 온도가 높을수록 물에 더 잘 녹는다. 그래서 뜨거운 커피에 설탕을 넣으면 금방 녹고, 차가운 커피에는 설탕이 잘 녹지 않아 설탕시럽을 넣는 것이 섞기 편하다. 그렇다면 뜨거운 물에 설탕을 잔뜩 녹여 포화상태로 만든 용액을 식히면 어떻게 될까? 포화상태였던 용액은 시간이 지나며 온도가 낮아져 점점 설탕을 품을 수 없는 과포화상태가 되고, 결국 설탕은 고체 상태의 결정이 되어 석출된다.

액상 에피택시에서도 과포화상태의 설탕물과 비슷한 일이 일어난다. 만약 규소로 구성된 반도체 박막을 만들고 싶다면 재료가 될 규소를 녹여 용액을 만들어야 한다. 하지만 규소는 물에 녹지 않는다. 혹시 규소가 물에 쉽게 녹는 물질이라면 우리는 수증기가 가득한 날에는 반도체를 사용하지 못할 것이다. 이런 규소를 용질로 써서 용액을 만들려면 아주 특별한 용매가 필요하다. 바로 액화 인듐In이다. 인듐은 섭씨 156도라는 비교적 낮은(?) 온도에서 액체로 변하는 금속인데, 고온에서 규소를 아주 효과적으로 녹인다.

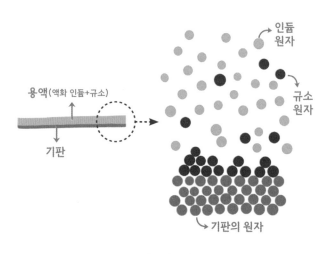

용액(액화 인듐+규소)

기판

인듐 원자

규소 원자

기판의 원자

| 그림 39 |

규소로 반도체 박막을 만들 때 첫 단계는 더 이상 녹지 않을 정도로 많은 양의 규소를 뜨거운 액화 인듐에 넣어 포화용액을 만드는 것이다. 뜨거운 용액이 준비되었다면 액상 에피택시를 사용할 준비도 절반은 끝난 셈이다. 이제 포화용액을 기판 위에 흘린 뒤 포화용액과 기판의 온도를 아주 천천히 낮춘다. 그러면 [그림 39]처럼 액화 인듐 안에 녹아 있던 규소 원자들이 액화 인듐에서 빠져나가며 기판에 달라붙게 되어 박막이 된다.

모든 기술이 그렇듯 말로는 참 설명이 쉽다. 그러나 완벽한 품질의 박막을 만들려면 온도와 순도, 온도의 변화 속도, 장비 형태 등 많은 부분을 최적화시켜야 한다. 액상 에피택시는 다양한 조건들을 최적화하는 데 시간이 오래 걸리기 때문에 현재는 거의 사용되지 않는다. 하지만 수십 년 전 바우저의 연구팀은 이 기술을 우주 산업에 사용할 수 있을 만큼 완벽에 가까운 수준으로 끌어올렸다고 한다. 얼마나 많은 시간과 정성이 들어갔을지…….

퇴근할 때마다 바우저의 이름을 딴 길을 걸으면 내가 일하는 이 자리가 한 사람이 목숨을 다할 때까지 열정을 바쳤던 위치였다는 생각이 들어서 종종 마음이 무거워진다. 길에 붙은 표지판에 있는 바우저의 이름과 생몰년 아래에 적힌 물리학자라는 단어는 지금의 나를 정의하는 단어기도 하다. 나 또한 삶을 마무리할 때 내가 물리학자라는 단어에 어울리는 사람이 되어 있었으면 하고 바란다. 그러려면 연구에 더 힘써야 할 테지.

특명! 햇빛으로 전기 만들기

바우저가 액상 에피택시로 만든 반도체는 여러 분야에 사용되었는데 그중에서도 태양전지에 가장 많이 쓰였다. 반도체라고 하면 보통 컴퓨터나 스마트기기에 탑재된 칩 등을 떠

올리지만 전 세계의 태양전지는 대부분 규소를 기반으로 한 반도체로 만들어진다. 액상 에피택시는 복잡한 구조를 갖는 마이크로 칩 제조에는 적합하지 않은 장비였지만, 비교적 구조가 간단하고 넓은 면적이 필요했던 태양전지에는 적합한 장비였다.

태양전지는 이제야 널리 사용되기 시작했는데 1970년대에 어떻게 있었는지 의문이 들 수도 있겠다. 그러나 이미 1930년대에 셀레늄^{Se} 태양전지가 만들어졌고, 1950년대에는 인공위성 등에 태양전지가 탑재되기도 했다. 특히 우주에 있는 인공위성에 오랜 시간 에너지를 공급할 방법은 태양광밖에 없기 때문에 더 중요한 기술로 여겨졌다. 단지 반도체 제조 공정이나 태양광 발전에서 그 효율성이 좋지 않다는 이유로 탁상용 전자계산기나 손목시계처럼 전력 소모가 매우 적은 전자제품에만 태양전지가 사용되고 있었을 뿐이다.

얼마 전 연구소에서는 워크숍이 열렸다. 워크숍에서는 노벨물리학상 수상자였던 폰 클리칭이 태양전지의 중요성을 발표했다. 앞서 설명했듯 그는 태양전지가 아닌 양자 홀효과를 발견하여 노벨물리학상을 받은 사람이다. 그러나 노벨상 수상자들은 학계에서 아주 중요한 인물들인 만큼 자신의 발견에 대한 강연을 할뿐만 아니라 환경·인권·국제정치 등 주요 현안에 대한 성명서를 내기도 한다. 아마도 유명 인사로서 사회적 책임을 느끼기 때문은 아닐까?

최근 노벨상 수상자들은 미국 보건복지부 장관 임명에 대해 반대 성명을 냈고, 러시아-우크라이나 전쟁이 발발했을 때도 성명을 발표했다. 이런 단기적인 의제들 외에 노벨상 수상자들은 기후 위기 같은 장기적 의제에도 지속적으로 큰 우려를 표하며 문제 해결을 위한 다양한 활동을 해왔다. 유럽연합UN의 목표는 기후 위기를 타개하기 위해 2050년까지 탄소중립을 이루는 것이다. 폰 클리칭은 이번 발표를 통해 현재 기술 수준에서 탄소 배출을 0으로 만들려면 태양광 발전에 집중하는 것이 핵심이라고 의견을 피력했다.

폰 클리칭의 말이 얼마나 현실적인 제안일지는 시간이 지나면 알게 되겠지만, 태양에너지가 인류의 중요한 에너지원임에는 의심의 여지가 없다. 태양은 사실상 무한한 에너지원이다. 5500도라는 높은 표면 온도를 갖는 거대한 태양이 방출하는 에너지는 그 양도 어마어마하다. 지구가 받는 태양에너지는 태양이 방출하는 에너지의 극히 일부임에도, 지구가 단 며칠간 받는 태양에너지의 양은 인류가 지금까지 사용한 모든 화석연료 에너지의 양과 맞먹는다.

이렇게 많은 에너지를 공급하지만, 문제는 태양광이 지구의 물체에 반사되거나 표면에 흡수되어 열에너지 형태로 바

뛰기 때문에 사용할 수가 없다는 것이다. 게다가 현재 태양전지의 효율성도 아직 20퍼센트 정도의 수준이다. 태양에너지를 전기에너지로 바꾸어 저장해 둘 저장 수단도 충분하지 않은 상황이다. 마치 손안에 끊임없이 쏟아부은 모래가 손틈으로 다시 쏟아져 나가는 듯한 모양새다.

이처럼 태양전지는 연구 단계에서 상용화 단계까지 오는데 오랜 시간이 걸린 데다가 앞으로도 갈 길이 멀다. 하지만 태양전지의 기본이 되는 원리는 간단하다. 우리 주변에서 흔하게 볼 수 있는 LED와 구조가 같다. 태양전지는 공간이라는 측면에서 전자의 움직임을 따라가는 식으로 살펴보면 이해하기가 쉽다. 원리를 이해하기 위해 먼저 우리가 바클라바의 이종 구조를 살펴볼 때 다루었던 피엔접합을 다시 한번 자세히 살펴보자.

규소를 기반으로 하는 엔형반도체에는 규소 원자보다 전자가 한 개 더 많은 인P이 들어가 있고, 피형반도체에는 규소 원자보다 전자가 한 개 더 적은 붕소(보론)B가 들어가 있다. [그림 40]에서 엔형반도체를 보면 원래 규소 원자가 있어야 할 자리에 전자가 더 많은 인 원자가 들어가 있어, 인과 이웃한 다른 규소 원자들과 전자를 주고받으며 결합하더라도 전자가 한 개 남는다. 이렇게 결합 이후에 남은 전자는 인 원자

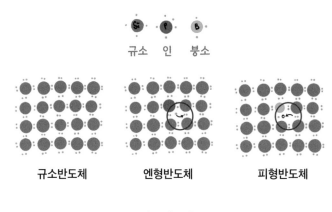

규소   인   붕소

규소반도체   엔형반도체   피형반도체

| 그림 40 |

에게서 멀어져 비교적 자유롭게 돌아다닐 수 있다. 결국 음전
하인 전자를 한 개 잃게 된 인 원자는 양전하를 띠게 된다.

반대로 피형반도체에는 규소 원자 대신 전자가 더 적은 붕
소 원자가 들어가 있으니 전자가 채워지며 결합되어야 하는
자리에 빈 공간이 생긴다. '양공'이라고 부르는 이 빈 공간에
는 규소 원자의 전자가 쉽게 넘어올 수 있다. 붕소 원자에서
양공이 멀어지면 붕소 원자는 전자를 하나 더 채울 수 있게
되고, 전자가 채워진 붕소 원자는 음전하를 띠게 된다.

이 두 유형의 반도체를 서로 붙이면 우리가 살펴보았던 피
엔접합이 이루어지며 흥미로운 현상들이 일어난다. 엔형반
도체에는 전자가, 피형반도체에는 양공이 자유롭게 움직이
고 있는 상황에서 두 반도체가 붙은 경계면에서는 엔형반도

체의 전자가 피형반도체의 양공을 채워버리는 것이다. 그렇게 되면 경계면과 가까이에 있던 엔형반도체에서는 돌아다니던 전자가 사라져 양전하를 띠는 인 원자만이 남고, 피형반도체에도 마찬가지로 양공이 사라져 음전하를 띠는 붕소 원자만이 남는다.

이제 여기에 빛을 쏘면 더 흥미로운 현상을 발견할 수 있다. 먼저 엔형반도체 쪽에 빛을 준다고 가정해 보자. 엔형반도체나 피형반도체 모두 불순물인 인이나 붕소 원자의 양은 극히 일부에 불과하다. 대부분은 규소 원자로 이루어져 있다. 두 개의 반도체가 만드는 에너지층의 띠간격보다 더 큰 에너지를 가진 빛이 들어오게 되면 원자들에 묶여 있던 전자들이 탈출하고, 자유로워진 전자와 양공이 짝을 짓는다.

짝꿍이 된 전자와 양공은 피엔접합이 된 반도체를 돌아다니다 전하의 양이 불균형한 영역에 우연히 진입하게 된다. 하지만 피형반도체 쪽으로 진입할 경우 음전하의 붕소 원자들이 버티고 있어서 마찬가지로 음전하를 띠고 있는 전자는 쉽게 그 영역으로 넘어가지 못하고, 양전하를 띠고 있는 양공만이 선택적으로 영역을 넘어갈 수 있다. 계속 빛을 받아서 이 과정이 반복되면 엔형반도체 쪽에는 전자가, 피형반도체 쪽에는 양공이 쌓이게 된다. 바로 이때 반도체의 양 끝을 전선으로 연결하면 전자가 전선을 따라 이동하면서 전기가 흐르게 된다. 우리가 태양전지를 통해 사용하는 전기에너지는 이렇게 활용한다.

설명이 길어졌지만, 쉽게 요약하자면 태양에너지는 엔형 반도체와 피형반도체 안에 전자와 양공 짝꿍을 만들지만 피엔접합으로 짝꿍이 멀리 찢어진다. 태양전지의 전기에너지는 이 두 짝꿍이 다시 만나는 과정에서 얻게 되는 것이다.

아침이면 햇빛을 받으며 집에서 나와 연구소로 출근하고, 저녁이면 다시 '내 짝'을 찾아 집으로 퇴근하는 내가 마치 태양전지 속 전자 같다. 엘리자베트바우저길을 지나니 멀리 우리 집이 보인다. 보이지 않는 힘이 집으로 나를 끌어당기는 것처럼 내 발걸음이 자동으로 움직인다.

오늘은 추석이고, 이 오솔길에는 나와 보름달밖에 없다. 한국에서 추석 특집 방송을 볼 때면 '더도 말고 덜도 말고 한가위만 같아라'라는 말이 나오고는 했다. 내게는 해야 할 즐거운 연구들이 있고, 증명해야 할 물리학 이론들이 있고, 이 길 끝에는 내가 사랑하는 가족이 있다. 나도 매일이 딱 오늘만 같으면 좋겠다. 평온하고 편안한 마음이면 더할 나위 없이 좋을 것 같다. 보통은 이런 생각을 하지 않는데, 달빛을 받으며 퇴근하다 보니 괜히 가을을 타나 보다.

4

겨울

Winter

○

겨울이면 몸은 지쳐도 마음만은 들뜬다.

여름휴가가 끝나고 쉼 없이 달려온 몸이 휴가가 필요하다며

울부짖을 때쯤 연구소의 연말 휴가가 시작되기 때문이다.

게다가 크리스마스 마켓도 있다.

이곳에는 '어드벤트 캘린더Advent Calendar'라고

크리스마스를 위한 달력을 판다.

요즘은 한국에서도 자주 보이는데,

스물네 개의 작은 칸으로 구성된 이 달력은 12월 1일부터

25일까지 하루에 한 칸씩 뜯어서 작은 선물을 가질 수 있게 되어 있다.

이렇게 작은 기쁨들이 쌓이면 어느새 크리스마스를 맞이하게 된다.

크리스마스 마켓은 바로 이 기간에 열린다.

시내에 늘어선 오두막들과 조명, 손에 들린 따뜻한 글뤼바인,

치즈가 잔뜩 들어간 다양한 음식들. 매년 비슷한 풍경이지만

오히려 그래서 더 정겨운 분위기가 가득하다.

기울어진
지구에서 마시는
에스프레소

_위도, 단열, 수증기의 압력

알람 소리에 잠이 깼다. 아직 창밖은 어둡고 머리도 무거운데, 이 정적을 가르며 공기를 흔드는 알람 소리는 왜 이렇게 경쾌한 것인지. '소리는 공기의 떨림일 뿐이니 공기가 없는 우주에 산다면 알람 소리에 잠을 깨는 일도 없었을 텐데……' 하는 허튼 생각까지 든다. 하지만 공기가 없으면 숨도 못 쉰다는 결론에 금방 정신을 차려본다. 스마트폰 화면을 보니 오전 6시 반이다. 서머타임도 끝난 지 오래지만, 30분 정도 뭉그적거릴 것을 예상하고 설정해 놓은 시간이다. 정말 잠깐 눈을 감았다가 다시 떴는데 여전히 해가 뜨기 전이라 창밖이 어두웠다. 그렇지만 스마트폰 화면에 표시된 시간은 벌써 7시 반이다. 생각보다 눈을 오래 감고 있었나 보다.

태양은 하루를 만들고 ●

한국과 비슷한 위도지만 독일은 그래도 한국보다 좀 더 높아서 겨울에 해가 좀 더 늦게 뜨고 좀 더 일찍 진다. 정확히 말하자면 근본적인 이유는 위도가 높아서가 아니라 지구가 기울어져 있기 때문이다. 그렇다. 오늘 내가 늦잠을 잔 이유도 지구가 기울어져 있어서다.

겨울에는 지구가 태양에서 먼 방향으로 기울어져 있어 위도가 높은 곳은 낮의 길이가 짧다. 지구가 기울어져 있다는 사실과 아주 간단한 과학 지식만 이해하면 내가 기울어진 지구 탓을 하는 것이 이상한 일이 아님을 이해할 것이다.

태양의 지름은 지구보다 100배 정도 크다. 지구를 일반 성인이라고 한다면 태양은 50층짜리 아파트 높이 정도라고 할 수 있다. 사방으로 빛을 내뿜는 태양 앞에 지구는, 거대한 '빛의 벽' 앞에 놓인 것과 같다. 이렇게 밝은 태양을 이웃으로 두고 있으면서도 지구에 낮과 밤이 생기는 이유는 지구가 둥글기 때문이다. 우리 모두 잘 알고 있듯 태양과 마주하고 있는 부분은 낮이 되고, 태양을 등지고 있는 그늘진 부분은 밤이 된다.

지구가 완벽한 공 모양이라면 절반은 태양의 따뜻함을 즐기고, 절반은 밤의 고요함을 즐길 수 있을 것이다. 하지만 지구는 가만히 있지 않고 기울어진 채 자전한다. 그래서 지구 위에 가만히 서 있기만 해도 하루 주기로 낮과 밤을 모두 경험할 수 있다. 만약 지구가 기울어지지 않았다면 1년 내내 낮과 밤의 길이가 같은 삶을 살 수 있었을 것이다.

[그림 41]은 북반구를 기준으로 겨울을 보내는 지구의 모습을 표현한 그림이다. 지구는 이렇게 기울어져 있다. 그래서 그림에서처럼 북극은 아무리 자전해도 햇빛이 닿지 않고, 겨울이 되면 해가 아예 뜨지 않는다.

북극에서 출발해 위도가 낮은 아래쪽으로 조금씩 이동하면 해가 뜨는 지역을 만날 수 있다. 낮의 길이는 위도가 낮아

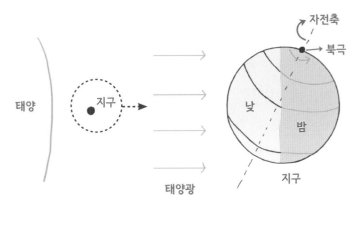

| 그림 41 |

질수록 길어진다. 그래서 위도가 0인 적도에서는 낮과 밤의 길이가 같다. 위도가 66도 이상인 지역은 북극으로 보는데, 같은 중위도라고 해도 독일의 위도는 50도고 한국의 위도는 37도다. 당연히 독일의 겨울이 더 어둡게 느껴질 수밖에 없다. 그래도 나는 독일에서 그나마 위도가 가장 낮은 남부 지역에 사니 하루 여덟 시간 정도는 햇빛을 즐길 수 있다는 점에 감사해야겠다.

희망적인 사실은 6개월 후 지구가 태양의 반대편으로 가면 여름이 된다는 것이다. 이때는 지구의 자전축이 태양과 마주하는 방향으로 기울기에 낮의 길이가 길어진다.

독일은 여름이 되면 낮의 길이가 조금 길어질 뿐이지만 위도가 높은 북극에 도달하면 여름에 해가 지지 않고 지평선을 따라 빙빙 도는 '백야白夜' 현상이 일어난다. 실제 북금곰을 볼 수 있다는 점을 제외하면, 해가 떠 있을 때 좀처럼 잠에 들기 어려운 내게 북극은 그다지 살기 좋은 곳은 아닌 것 같다.

반대로 겨울이 되면 북극에서는 해가 뜨지 않고 지평선 아래에서 머물기만 하는 '극야極夜' 현상이 일어난다. 어두운 아침이라니. 하루가 힘들 것도 같지만 하루 종일 별을 관찰할 수 있다고 생각하면 천문학자들에게만큼은 행복한 장소가 아닐까 싶기도 하다.

유리컵 속에서 생긴 일

이렇게 상념에 젖어 있을 때가 아니다. 예상보다 30분을 더 자고 말았으니 얼른 출근 준비를 해야 한다. 요즘 다시 살이 쪄서 그런지 몸을 침대로 잡아당기는 중력이 더 세진 것 같다. 중력을 이겨내려 침대를 밀고 일어나 씻고 출근 준비를 서둘렀다. 지금 머리에 떠오르는 것은 오직 하나다. 커피, 커피, 커피! 스탠퍼드대학교의 앤드루 휴버먼Andrew Huberman 교수는 팟캐스트에서 햇빛이 인간의 정신을 깨우는 데 가장 좋다고 했지만 해가 뜨지 않은 것을 어떡하나. 이럴 때는 커피만한 것이 없지 않은가.

주방에 가니 식탁 위에 다 마시지 못한 커피가 담긴 유리컵이 놓여 있었다. 손잡이가 없는 투명한 유리컵은 뜨거운 차를 마시기에 적합하지 않지만, 얼마 전에 산 이 컵은 [그림 42]처럼 투명한 이중 유리컵이다. 두 겹의 유리 사이에는 공기가 들어 있는데, 공기는 유리에 비해 열을 잘 전달하지 못해서 아무리 뜨거운 음료가 담겨 있어도 손을 델 일이 거의 없다. 거기다 내부까지 볼 수 있으니, 참 우아한 디자인이다. 그래도 공기 분자가 전혀 없는 진공상태가 아니라 보온병처럼 단열이 완벽하지는 않다.

안쪽과 바깥쪽의 유리 벽 사이에는 질소와 산소같이 공기를 이루는 기체 상태의 분자들이 돌아다니고 있다. 이 기체 상태의 분자들의 속도는 컵에 담기는 용액의 온도와 연관이 있다. 안쪽 유리 벽으로부터 뜨거운 커피의 열에너지를 받아 속도가 빨라진 벽 속의 기체 분자들은 차가운 바깥쪽 유리 벽에 부딪히며 열기를 전달하고, 그렇게 전달된 커피의 온기는 손을 기분 좋을 정도로만 따뜻하게 해준다. 기체 분자들을 모두 뽑아내고 밀봉해서 벽 사이를 진공상태로 만든다면 더 완벽한 단열이 되겠지만, 그러면 컵 가격이 더 비싸졌을 것이다. 그러면 아마 우리 집 주방에 놓일 가능성도 더 낮아지지 않았을까?

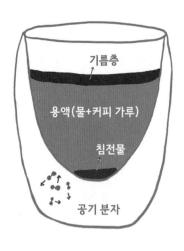

| 그림 42 |

커피는 내가 물 다음으로 많이 마시는 액체다. 어떤 날은 물보다 커피를 더 많이 마시기도 한다. 내가 특이한 것이 아니다. 아마 다른 사람들도 나와 비슷할 것이다. 유튜브 영상에 나오는 의사들은 커피보다 물을 더 많이 마셔야 한다고 하지만, 어차피 물질이라는 관점에서 보면 [그림 42]처럼 커피도 결국 불순물이 조금 섞인 물일 뿐이다. 어제 만들어두고 마시지 않은 커피 표면에 기름이 둥둥 떠 있고 바닥에는 검은 커피 가루가 가라앉은 모습을 보면 알 수 있다.

기름과 커피 가루는 혼합물 형태로 섞여서 분리되지만, 물에 녹아든 카페인같이 작은 물질들은 쉽게 분리되지 않는다. 소금이나 설탕처럼 물에 용해된 상태니 말이다. 결론적으로 정리하자면 오래되어 분리된 커피는 마실 수 없으니 버리고, 새로 커피를 만들어야겠다는 말이다.

이탈리아식 홈메이드 커피 만들기

갓 내린 따끈한 커피를 마실 생각을 하니 벌써 잠이 조금 깨는 기분이다. 지구의 많은 직장인에게 커피는 하루를 살게 하는 '명약'이지만, 사실상 볶은 콩을 갈아 넣고 그 성분을 뜨거운 물로 녹여낸 액체일 뿐이다. 커피의 종류는 성분을 녹여내는 과정에 따라 달라진다.

커피 원두를 갈고 그 가루를 주전자에 넣은 다음 뜨거운 물을 넣고 끓이는 튀르키예식 커피, 종이 필터에 커피 가루를 넣고 그 위에 물을 부어가며 만드는 핸드드립커피, 이탈리아에서 발명된 머신을 사용해 만드는 에스프레소가 가장 잘 알려져 있다. 인기로만 본다면 마트에서 보는 인스턴트커피도 빼놓을 수 없다.

원두의 성분을 물에 녹여낸다는 점에서 튀르키예식 커피는 가장 정직한 커피다. 커피 가루가 폭발적으로 끓는 물과 만나 '검은 혼합물'을 만들고, 일부 무거운 가루들은 주전자 바닥에 가라앉는다. 일시적으로 물에 혼합된 커피 가루 때문에 텁텁한 맛이 나는 것이 튀르키예식 커피의 매력이다.

핸드드립커피는 중력을 이용한다. 곱게 갈린 커피 가루에 물을 부으면 물이 중력에 끌려 커피 가루들을 적시며 천천히 내려온다. 물은 커피 가루들 사이의 틈을 따라 흐르는데, 이때 가루가 가진 여러 성분이 물과 함께 조금씩 녹는다. 이 과정에는 강제되는 것도 없고, 종이 필터가 커피 가루들을 걸러내 주기 때문에 핸드드립커피는 커피 중에서도 가장 식감이 부드럽다.

마트에서 보았던 인스턴트커피는 식품공학의 산물이다. 이미 만들어진 기존 커피에서 동결건조 방식을 통해 수분을 제거한 상태기 때문에 따뜻한 물을 부으면 원래의 따뜻한 커피로 다시 돌아온다.

나는 인스턴트커피도 참 좋아하지만, 오늘의 모닝커피는 에스프레소다. 에스프레소를 만드는 방식에는 핸드드립커피와 달리 자연스러움이 없다. 오히려 인스턴트커피처럼 철저히 설계된 공정에 가깝다. 어떻게 보면 폭력적이기도 하다. 다른 방식들과 달리 물에 커피 가루가 닿으며 자연스럽게 우러나는 것이 아니라 일부러 높은 압력을 주어서 커피의 성분들을 강제로 뽑아내기 때문이다.

에스프레소를 추출하기 위해서는 우선 곱게 갈린 원두 가루를 탬퍼로 꾹 눌러 담은 후 에스프레소머신에 넣어주어야 한다. 톱밥을 눌러 만든 합판처럼 뭉쳐진 커피 가루는 물을 떨어뜨려도 핸드드립커피를 만들 때처럼 물이 지나갈 만한 틈이 없다. 에스프레소머신은 이 단단하게 뭉쳐진 가루 사이에 뜨거운 물을 강한 압력으로 밀어내 물이 지나가게 만든다. 밀도 높게 뭉쳐진 커피 가루를 지나며 온갖 성분들을 빠르게 끌어낸 물은 작은 컵에 담겨 농도 짙은 에스프레소로 탄생한다. 스타벅스 같은 카페에 있는 에스프레소머신의 덩치가 큰 이유도 뜨거운 물에 강한 압력을 가하기 위한 장치들이 들어 있기 때문이다.

우리 집에도 이런 머신이 있었다면 매일 아침 커피를 만드는 재미가 있었겠지만 그다지 실용적이지는 못했을 것 같다. 대신 나는 찬장에 있던 작은 모카포트를 꺼냈다. 이 작은 주전자 모양의 기계로도 제법 맛있는 에스프레소를 만들 수 있다.

모카포트는 보통 [그림 43]처럼 생겼다. 주전자 아래에 달린 작은 물통에 종이컵 한 컵 분량의 물을 넣고, 바로 위의 공간에 커피 가루를 넣은 후 모카포트를 조립해 불 위에 올려

| 그림 43 |

놓는다. 물이 끓어 수증기가 되면 서로 붙잡고 있던 물 분자들이 물통 안의 남은 공간에 흩뿌려지면서 부피가 1000배 이상 증가한다. 그래서 작은 물통 안의 공간이 좁아져 압력이 급격하게 높아진다. 남아 있던 물은 수증기들이 밀어내는 압력으로 인해 커피 가루가 담겨 있는 공간을 지나 주전자 공간으로까지 밀려난다. 그 과정에서 물은 에스프레소로 재탄생해 주전자 안으로 분수처럼 뿜어져 나오게 된다.

물론 수증기의 압력은 에스프레소머신이 가하는 압력보다 약해서 카페에서 마실 수 있는 에스프레소만큼 진한 농도를 추출하기는 어렵다. 하지만 그럼에도 내게는 여전히 훌륭한 '이탈리아식 홈메이드 커피'다. 추출이 끝난 에스프레소를 작은 컵에 옮겨 담고 설탕을 녹여 홀짝 맛본다. 하루의 시작을 알리는 맛으로 손색없다.

물리학이
만드는
따스한 색들

_자유전자, 금, 불순물, 반도체

숲과 들판으로 푸르기만 하던 트램의 창밖 풍경에 오래된 건물들이 가득 차기 시작했다. 한껏 멋을 내고 트램에 올라타는 사람들을 보니 시내에 진입했나 보다. 오늘은 퇴근 후 아내와 시내에 있는 레스토랑에 가보기로 했다. 둘 다 한번 식사할 때 질 좋은 음식을 먹는 것이 좋다고 생각하는 편이라 종종 하는 외식에는 돈을 아끼지 않는다. 이번에 가는 레스토랑은 시내 정중앙에 위치한 광장 쪽에 있는 곳이다. 조금 늦은 저녁 7시로 예약해 둔 터라 아내와 함께 시내에서 짧은 데이트를 하기로 했다. 연말이 가까워 그런지 추운 날씨에도 사람들로 북적였다.

특수상대성이론이
만드는 색

●

　우리가 내린 역은 라트하우스라는 역인데, 번역하면 '시청역'쯤 된다. 시청역이라는 이름에 걸맞게 역 밖으로 나가면 신식으로 지어진 커다란 슈투트가르트시청이 있고, 그 앞에는 넓은 광장이 펼쳐져 있다. 이 광장에서는 매주 토요일 아침마다 시장이 열리고, 초가을에는 와인 축제가, 성탄절이면 '크리스마스 마켓'이 열린다. 이런저런 행사들로 사람들이 많이 모이는 곳이다 보니 광장을 둘러싸고 고급 백화점이나 명품 매장 등이 즐비하다.

　나는 명품에는 관심이 없지만, 그럼에도 이곳에는 내가 아주 좋아하는 장소가 있다. 바로 골동품 경매장이다. 비록 경매에 직접 참여하거나 다른 골동품을 사본 적은 없지만 그래도 창밖에 매달려 경매장 안을 구경하는 재미가 쏠쏠하다. 짧게는 수십 년에서 길게는 100년이 넘는 시간 동안 존재해왔을 물건들을 보면 이 물건들을 간직했던 사람이 얼마나 소중히 다루었을지 느껴진다.

　그중에서도 내 눈길을 가장 사로잡는 것은 장신구들이다. 반지, 목걸이, 귀걸이 등 금과 은으로 만들어진 장신구들은 백화점에서 보는 천편일률적인 디자인과 전혀 다른 멋을 뽐

낸다. 지금 관점에서 보면 조금 과하거나 구식이라고 여겨질지도 모를 장신구들이지만, 내 눈도 구식인 것인지 쇼윈도 너머로 보았던 그 어떤 명품보다도 매력적으로 보인다.

골동품 장신구들은 대부분 금으로 만들어졌다. 이 장신구들이 오랫동안 우아한 자태를 뽐낼 수 있는 이유는 관리하는 사람의 정성도 있었겠지만, 금으로 만들어졌기 때문이기도 하다. 나는 역사학자만큼 역사를 잘 알지 못하니 어떤 이유로 사람들이 금을 귀하게 여기게 되었는지 잘 모른다. 하지만 물리학자의 입장으로 보아도 금은 다른 물질에 비해 확실히 고고하다. 산소와 반응해 금방 녹스는 다른 금속들과는 달리 금은 산소와 잘 반응하지 않아서 어떤 환경에서도 물질의 순수성을 유지하기 때문이다. 그 덕분에 금은 100년이라는 시간이 지나도 철처럼 녹슬거나 부스러지지 않는다.

확실히 금이 갖고 있는 색도 특별해 보인다. '금색'이라고 따로 이름까지 있을 정도니까. 알루미늄, 은, 철 등 주위에서 쉽게 볼 수 있는 금속들은 흔히 말하는 '쇠색'을 띤다. 흰색과 회색 중간 그 어딘가의 색을 띠며 반짝이는 색 말이다. 금속이 띠는 쇠색은 금속이 모든 파장의 빛을 반사하기 때문에 나타나는 색이다. 하지만 무슨 이유에서인지 금은 혼자서만 영롱하게 반짝이는 노란색을 띤다.

금의 노란색이 객관적으로 아름다운 색인지는 잘 모르겠지만, 그래도 그 안에 숨어 있는 물리학을 고려한다면 매혹적인 색은 맞다. 물질의 색은 물질 안의 전자가 빛을 어떻게 받아들이는지에 따라 달라진다. 물질이라고 하기는 좀 그렇지만 하늘의 파란색이나 나뭇잎의 초록색처럼 말이다.

아무리 매끈하고 단단해 보이는 물질이더라도 그 안에는 여러 종류의 원자가 우글거리고 있다. 그리고 그 원자들 안에는 또 여러 개의 전자가 우글거린다. 원자 안에 있는 전자는 원자핵이 끌어당기고 있어서 원자 안에 갇혀 있다. 그렇다. 우리가 바클라바의 이종 구조를 말하며 살펴보았던 양자 우물인 것이다. 양자 우물에 갇힌 전자는 에너지가 양자화되어 에너지층을 형성한다.

뜨거운 한낮의 사무실을 밝게 비추어주던 형광등, 기억나는가? 형광등 안의 전자가 퀀텀점프를 한다며 살펴보았던 것처럼 전자는 에너지층 간격만큼의 에너지를 가진 빛을 흡수하면 더 높은 에너지층으로 올라갈 수 있다. 그래서 에너지층의 간격에 따라 전자가 어떤 빛의 파장을 흡수하거나 투과시킬지가 결정된다. 에너지층의 간격이 넓으면 파장이 짧은 대신 에너지가 강한 빛부터 흡수할 것이고, 에너지층의 간격이 좁다면 파장이 긴 대신 에너지가 약한 빛부터 흡수할 것이다.

사실 금속은 묶여 있는 전자 외에 한 가지 더 고려해야 할 요소가 있다. 그리고 이 녀석이 금속의 색을 결정하는 데 가장 큰 역할을 한다. 금속 안을 자유롭게 돌아다니는 전자, 바로 '자유전자'다.

전기가 통하지 않는 물질들은 모든 전자가 원자 안에 묶여 있는 상황이기에 전자들의 에너지가 양자화되어 있다. 물론 전기가 통하는 금속류의 원자들도 자세히 들여다보면 전자가 묶여 있는 경우가 대부분이다. 하지만 금속의 원자가 품고 있는 전자 중에서도 원자의 가장 바깥쪽에 있는 전자들은 좀 더 자유롭게 움직일 수 있다. 이 전자가 자유전자다. 자유전자는 원자핵에 붙잡혀 있지 않기 때문에 에너지도 양자화되지 않는다.

이런 성질 덕분에 자유전자는 적외선부터 자외선까지 아주 넓은 영역의 전자기파들과 상호작용하며 빛을 반사할 수 있다. 그럼에도 한계는 있다. 파장이 너무 짧아지면, 즉 파동의 진동이 너무 빨라지면 자유전자가 전자기파의 진동을 따라가지 못한다. 바로 그 파장에서부터 짧아지는 파장의 빛은 자유전자가 반사하지 않는다. 하지만 대부분의 금속에 있는 자유전자의 반사 한계는 자외선 영역에 있기 때문에 적외선이나 가시광선 또는 파장의 길이가 긴 자외선 영역의 빛을 반사할 수 있다.

금속은 보통 고전역학으로 설명된다. 그래서 다소 지루한 물질로 인식된다. 하지만 금은 예외다. 물리학에서 금은 아주 흥미로운 물질이다. 금이 띠는 노란색은 상대성이론과 양자역학의 합작품이기 때문이다.

[그림 44]처럼 금을 자세히 뜯어보면 금의 원자핵 안에는 79개의 양성자가 있다. 원자핵에 들어 있는 양성자의 수가 원자번호니, 금의 원자번호는 79번인 셈이다. 원자번호가 13번인 알루미늄이나 47번인 은보다도 원자번호가 훨씬 크다.

양성자는 양전하를 띠고 있다. 그러니 원자핵에 양성자 수가 많아지면 그만큼 많은 양의 양전하를 띠게 된다. 양전하의 양이 많아지면 원자핵은 주위에 강한 전기력을 행사한다. 무거운 별이 중력으로 주위의 별들을 강하게 끌어당기는 것처럼 전자를 강하게 끌어당긴다. 그래서 원자번호가 클

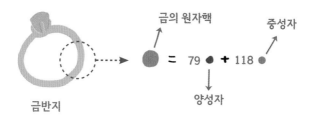

| 그림 44 |

수록 원자 안에 있는 전자의 속도도 빨라지는 경향을 보이는데, 특히 금 원자에서 양성자가 많은 원자핵과 가까이 있는 전자는 아주 빠르게 움직인다.

다시 말하면 금의 원자번호는 주기율표에 있는 118개의 원자 중에서 79번째로 양성자가 많은, 강력한 원자핵을 갖고 있다는 의미다. 그만큼 금 원자 안에 있는 전자의 속도는 굉장히 빠르다. 빛의 속도에 견줄 수 있을 정도로 말이다.

물체 안의 전자가 광속에 가까운 속도로 움직이면 이상한 일이 벌어진다. 아인슈타인의 특수상대성이론에 따르면 빛의 속도에 가까워질수록 질량이 증가한다. 무거운데 속도는 빠르다? 믿기 어려운 일이지만 사실이다.

그래서 금 원자 안에 있는 전자도 다른 금속 물질 안에 있는 전자에 비해서 더 무겁다. 무거워진 전자의 질량은 전자의 운동에너지에도 영향을 끼친다. 전자가 더 높은 에너지층으로 올라갈 수 있는 간격만큼의 에너지가 얼마나 필요한지 알려면 전자의 질량과 속도가 필수인데, 특수상대성이론을 따라 계산한 이 값들은 고전적인 물리학 이론으로 예상한 에너지 값과 달라지게 된다.

[그림 45]에서 왼쪽에 그려진 두 개의 금 원자는 특수상대성이론을 따르지 않는 경우다. 이 경우 두 개의 금 안에 묶여

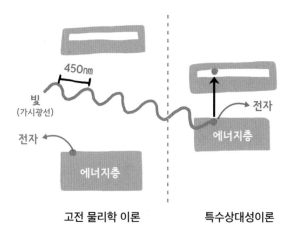

450nm

빛
(가시광선)

전자

에너지층

전자

에너지층

고전 물리학 이론   특수상대성이론

| 그림 45 |

있는 전자의 에너지층 간격이 아주 넓어서 금 원자 속 전자
는 가시광선 영역의 빛과도 상호작용하지 않는다. 이 경우
가시광선 영역의 빛과 상호작용할 수 있는 전자는 금 원자
의 원자핵과 멀리 떨어진 자유전자뿐일 것이다. 그러나 오른
쪽에 그려진 두 개의 또 다른 금 원자처럼 특수상대성이론을
따르게 되면 아주 넓어서 신경 쓸 필요가 없었던 원자의 에
너지층의 간격이 점점 좁아지게 된다.

　금과 비슷한 귀금속인 은은 특수상대성이론을 덜 따르기
때문에 이런 현상이 크게 일어나지 않지만, 금은 그렇지 않
다. 금에서는 에너지층의 간격이 심하게 좁아져 [그림 45]에
서 파란색으로 표시된 가시광선 영역의 빛만으로도 전자는

더 높은 에너지층으로 점프할 수 있다. 이 말인즉 금은 파란색 빛을 아주 잘 흡수한다는 것이다.

파란색 빛을 잘 흡수하는데, 어째서 금은 노란색인 것일까? 여름휴가 때 슈바르츠발트로 하이킹하러 가서 본 나뭇잎은 '검은 숲'이라는 숲의 이름과는 다르게 초록색이었다. 나뭇잎이 초록색을 잘 흡수해서가 아니라 나뭇잎 속 엽록소가 초록색을 싫어하고, 그 외의 다른 빛들을 잘 흡수하기 때문에 그랬던 것이었다. 금도 마찬가지다. 금은 파란색 빛을 가장 잘 흡수하지만, 그보다 에너지가 약한 노란색 빛은 싫어해서 반사한다. 그래서 우리 눈에는 금이 노란색으로 보이는 것이다.

그저 단순한 노란색으로 보일지라도 그 색이 가진 빛을 내기 위해 금 속의 전자는 빛에 가까운 속도로 달리고 있다. 그렇게 생각한다면 물리학자로서 금색은 세상에서 가장 가치있는 색이다. 무려 특수상대성이론이 만든 광채니 말이다.

불순물이라는 잉크 ●

조금 이상하기는 하지만 지금 내 눈을 사로잡고 있는 이 금반지를 사람에 빗대면 아마 뼈와 살을 이루는 것이 금이고, 보석은 심장 정도 될 것이다. 루비나 사파이어처럼 영롱한 색을 뽐내는 보석들은 자칫 밋밋해 보일 수 있는 귀금속 장신구에 나름의 디자인적 재치와 생명력을 불어넣어 준다. 색, 투명도, 광택 등이 서로 다른 보석은 볼 때마다 새롭다. 과거에는 이렇게 다양한 보석을 널리 사용할 수 있었다니, 놀라우면서도 부럽기도 하다.

어느 백화점이더라도 금은방 매대를 빛내주는 보석은 단연 크고 작은 다이아몬드들일 것이다. 나도 아내에게 청혼할 때 관례에 따라 다이아몬드 반지를 선물하기는 했지만, 이 무색의 지루하기만 한 보석을 세상 사람들은 왜 그리도 좋아하는지 이해하기가 어렵다. 이 광물은 단단하다는 사실 빼고는 딱히 큰 가치가 없다. 다이아몬드가 오로라빛 색을 띠는 이유는 기껏해야 가게 조명을 굴절시켰기 때문이다.

적어도 물리학자인 내게는 그저 예쁘게 깎아놓은 유리알과 다를 바 없는 '돌덩이'인데, 보석 시장을 다이아몬드가 어떻게 지배하게 되었는지 역시 도무지 이해할 수가 없다. 만약 그런 관례가 없었다면 난 좀 더 멋진 빛깔을 내는 다른 보석을 선물했을 것이다. 붉은빛을 띠는 루비, 푸른빛을 띠는 사파이어, 초록빛을 띠는 에메랄드 등 세상에는 아름다운 색상의 빛을 가진 보석들이 많으니 말이다.

지금 언급한 보석들은 모두 투명한 보석들이다. 가끔 품질에 따라 살짝 불투명한 경우도 있기는 하다. 유리가 깨지면 투명하던 부분이 하얗게 변하는 것처럼 루비나 사파이어, 에메랄드 같은 보석들도 내부에 아주 작은 균열이 생기거나 불순물이 섞이면 투과된 빛이 산란되어 불투명해진다. 품질이 높든 낮든 어찌 되었든 간에 보석처럼 투명한 것들은 대부분 전기가 통하지 않는 '부도체'다. 부도체에 전기가 흐르지 않는 이유는 전자의 에너지층 간격이 넓기 때문이다. 어떤 보석은 투명하고, 또 어떤 보석은 아름다운 색을 띠고 있는 이유도 다 이와 관련이 있다.

물질의 성질들이 대부분 그렇지만 부도체도 양자역학 없이는 이해하기 어려운 성질이다. 고전역학에 따르면 전자가 옆으로 이동하지 말아야 할 이유가 딱히 없는데, 부도체 안에서만큼은 전자가 원자에서 원자로 넘어가는 일이 금지되어 있기 때문이다.

부도체 안에도 다른 물질들처럼 수많은 원자가 있고, 이 원자들 안의 전자들이 에너지층을 형성하고 있다. 물질이 고체 상태일 때는 워낙 원자가 많은 상태다 보니 여러 전자의 에너지층이 합쳐지거나 전자가 다른 원자와 상호작용하며 왜곡되기도 한다. 그래서 [그림 46-1]과 같은 넓은 간격의 에

너지층을 형성하게 된다. 이때 낮은 에너지층은 전자로 가득
차 있고, 한참 위로 올라가야 하는 높은 에너지층은 텅텅 비
어 있다.

전자가 낮은 에너지층을 꽉 채우고 있는 상황이라면 더 이
상 전자가 움직일 방법은 없다. 물질 속 모든 원자의 낮은 에
너지층이 모두 찬 상태라서 전자가 이동할 수 없으니, 전자
가 흐르는 상태인 전기도 통하지 않는 것이다.

하지만 전자가 움직일 방법이 전혀 없는 것은 아니다. 에
너지층 사이의 간격이 넓어서 그렇지, 전자가 움직이려면 더
높은 에너지층으로 이동하면 된다. 외부의 빛으로 에너지층
간격만큼의 에너지를 전자에게 공급해 주면 형광등에서 본

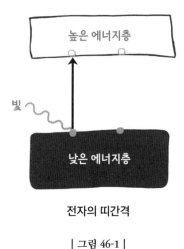

전자의 띠간격

| 그림 46-1 |

퀀텀점프를 일으켜서 전자를 높은 에너지층으로 올려줄 수 있다. 이 에너지층의 간격을 이종 구조 박막을 만들 때 살펴보았던 띠간격이라고 부른다는 사실쯤은 아마도 모두 기억하고 있을 것이다.

보석의 경우 에너지층의 간격은 보통 자외선 영역의 빛이 갖는 에너지 정도다. 사람들이 그렇게 좋아하는 다이아몬드도 이런 띠간격이 있는 부도체인데, [그림 46-2]처럼 다이아몬드의 띠간격 사이 에너지는 파장의 길이가 약 230나노미터 정도로 짧은 자외선 영역의 빛이 갖는 에너지와 같다. 이보다 파장이 더 긴 빛, 즉 에너지가 약한 빛은 거의 흡수하지 않기 때문에 다이아몬드가 우리 눈에 투명하게 보이는 것이다.

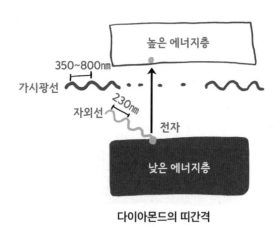

다이아몬드의 띠간격

| 그림 46-2 |

다이아몬드를 원자 크기로 확대해 보면 다이아몬드 원자가 숯이나 연필심을 구성하는 탄소로 이루어졌다는 것을 알 수 있다. 루비와 사파이어도 확대해서 살펴보면 알루미늄 캔이나 포일을 구성하는 산화알루미늄 Al_2O_3으로 이루어져 있다. 순수한 산화알루미늄은 에너지층의 띠간격이 다이아몬드보다 더 넓어서 가시광선 영역의 빛을 모두 쉽게 투과시킨다. 그래서 우리 눈에는 알루미늄 표면에 얇게 형성되어 있는 산화알루미늄 막 대신 투명한 막 뒤에서 반짝이는 알루미늄 표면이 보인다. 인공적으로 만들어진 순수한 산화알루미늄의 결정을 보면 깜짝 놀랄 만큼 완전히 투명하다.

그렇다면 같은 원소로 이루어져 있는 루비나 사파이어는 어떻게 선명한 색을 띠는 것일까? 다이아몬드나 산화알루미늄처럼 띠간격이 넓은 물질은 마치 하얀 도화지와도 같다. 다양한 불순물들은 이 도화지에 색색의 그림을 그리는 잉크 역할을 한다.

루비를 한번 살펴보자. 루비는 산화알루미늄에서 알루미늄의 1퍼센트 정도가 크로뮴Cr이라는 원소로 치환된 광물이다. 고작 1퍼센트니 불순물의 양은 아주 적지만, 이 1퍼센트의 불순물이 산화알루미늄의 넓은 띠간격 사이에 에너지층을 하나 더 만들어준다. 평소에는 건널 수 없었던 넓은 개울

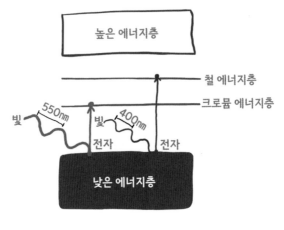

루비 / 사파이어의 띠간격

| 그림 46-3 |

사이에 징검다리가 놓이듯 중간에 새롭게 생긴 이 에너지층 덕분에 루비 속 전자는 기존 띠간격보다 더 약한 에너지를 가진 가시광선 영역의 빛인 초록색 빛을 흡수해 더 높은 에 너지층으로 이동할 수 있게 된다. 그렇기에 우리 눈에는 루 비가 초록색 대신 빨간색으로 보이는 것이다.

불순물의 종류가 바뀌면 중간에 새롭게 만들어지는 에너 지층의 위치도 바뀌기 때문에 보석의 색도 달라진다. 산화알 루미늄에 크로뮴이 섞이면 붉은 루비가 되지만, 철이나 티타 늄이 섞이면 푸른 사파이어가 된다.

하지만 같은 종류의 불순물이라고 해도 모두 같은 색을 내지는 않는다. 불순물이 품은 물질의 종류가 다르면 발색도 달라질 수 있다. 루비와 에메랄드의 관계가 그렇다. 에메랄드도 루비처럼 불순물로 크로뮴이 섞인 보석이지만, 빨간색 대신 초록색을 띤다.

에메랄드가 루비와 색이 다른 이유는 크로뮴 주위의 환경이 달라졌기 때문이다. 에메랄드는 산화알루미늄에 크로뮴이 섞인 루비와 달리 베릴(녹주석)이라는 물질에 크로뮴이 섞인 보석이다. 화학식이 'Be$_3$Al$_2$Si$_6$O$_{18}$'이니 베릴에도 알루미늄은 들어가 있다. 여기에 알루미늄 대신 크로뮴이 들어간다는 점도 루비와 비슷하지만, 크로뮴의 주변 환경은 루비와 천지 차이다.

알루미늄의 자리를 차지한 크로뮴은 여섯 개의 산소 원소와 결합하는데, 에메랄드의 경우 크로뮴과 산소의 거리가 루비에서보다 더 멀다. 그로 인해 에메랄드의 에너지층 높이가 달라지게 되고, 에메랄드의 전자가 흡수해야 하는 빛의 파장도 더 길어진다. 파장이 긴 빨간색 빛을 흡수하는 대신 에메랄드는 우리 눈에는 초록색으로 보이게 된다.

사실 다이아몬드 중에도 불순물이 포함되어 색을 갖게 된 다이아몬드가 있다. 우리는 완전하게 투명한 다이아몬드에 익숙하지만, 붕소가 섞인 다이아몬드는 파란색을 띤다. '블루 다이아몬드'는 자연적으로 발견되는 경우가 굉장히 드물어서 일반 다이아몬드에 비해 가격도 훨씬 비싸다고 한다.

부도체? 도체?   ●
거의 도체!

이리저리 시내를 돌아다니며 구경하다 보니 어느새 레스토랑 예약 시간이 다 되었다. 시내 중심에 위치한 '성의 광장'이라는 의미의 멋진 이름을 가진 레스토랑의 문을 열고 들어갔다. 이곳에 두 개의 성이 자리 잡고 있어서 그런 이름이 붙었다고 한다. 성과 성 사이에는 큰 분수대와 정원이 있어서 주말 낮이면 많은 사람이 이곳에서 여유를 즐긴다. 오늘 우리가 온 이 레스토랑은 광장 바로 앞 건물의 꼭대기 층인데다가 전면 창이 유리로 되어 있어서 시내의 야경을 만끽할 수 있다.

레스토랑에 들어가며 외투를 맡기고 창가 자리를 안내받았다. 추워도 날씨 자체는 좋아서 광장 불빛은 물론, 야경도 한눈에 들어온다. 인구가 1000만 명에 달하는 대도시인 서울에 비해 60만 명뿐인 슈투트가르트는 소도시다. 남산서울

타워나 롯데월드타워에서 내려다보는 서울의 야경이 푸르고 차가운 빛의 바다를 보는 것 같다면, 이곳의 야경은 도시 전체가 포근하고 따뜻한 빛의 담요에 덮여 있는 듯한 느낌이다. 슈투트가르트의 야경이 더 따뜻하게 느껴지는 이유는 흰색 조명을 사용하는 한국과 달리 주황색 조명을 사용했기 때문일 것이다.

사람들이 주황색 조명을 좋아하는 이유를 추측해 보건대, 아무래도 나처럼 백열전구가 주는 따뜻한 느낌에 익숙해서지 않을까? 하지만 백열전구를 좋아하던 나도 독일에 온 지 얼마 안 되었을 때는 한국의 밝은 흰색 조명에 익숙해서 실내의 모든 것이 침침하게 보인다고 생각했다. 주황색 조명에 익숙해진 지금은 오히려 흰색 조명이 어색하다. 독일인들이 주황색 조명을 좋아하다 보니 독일에서는 LED 조명조차 주황색 빛을 내도록 제조되어 있을 정도다.

사실 LED 조명이 처음 나왔을 때 이렇게 빠르게 조명 시장을 장악하리라고는 미처 예상하지 못했다. 연구소에서도 에너지 절약을 이유로 모든 조명을 LED로 바꾸었다. 이제는 마트에 가도 LED가 아닌 조명을 찾기가 더 어렵다.

LED는 'Light Emitting Diode'의 약자로, 직역하면 '빛을 내는 다이오드'다. '다이오드'란 반도체로 만든 가장 간단한 형태의 소자인데, 형태는 간단하지만 LED뿐 아니라 태양광 발전, 전자회로 등 다양한 곳에 아주 유용하게 쓰이고 있다. 다이오드를 이해하기 위해서는 앞에서 계속 이야기했던 '반도체'를 알아야 한다.

지금까지 반도체를 계속 언급했지만, 반도체를 제대로 뜯어본 적은 없었던 것 같다. 아까 매장을 구경하며 우리는 부도체를 살펴보았다. 부도체는 전기가 흐르지 않는 물체다. 띠간격이 존재해서 일정 세기 이상으로 에너지를 공급해 주어야 에너지를 흡수한 물체 안의 전자가 퀀텀점프 후 움직일 수 있다. 반면에 도체는 금속처럼 띠간격이 없어서 전자가 잘 움직이는, 즉 전기가 잘 흐르는 물체다. 도체의 경우 가장 강한 에너지를 가진 전자가 물체의 원자 사이사이를 자유롭게 누빌 수 있어서 전기가 잘 흐른다.

반도체는 말 그대로 '절반만 도체'인 경우다. 개인적으로는 그렇게 정확하지는 않은 번역이라고 생각하는데, 아마도 독일어에서 '절반'을 뜻하는 '할브Halb'와 '도체'를 뜻하는 '라이터Leiter'의 합성어 '할브라이터'를 직역한 듯하다. 나는 반도체에 한해서는 영어보다 독일어 단어를 더 좋아한다. 반도체를 뜻하는 영어 'semiconductor'는 직역하면 '거의 도체'다.

반도체에도 띠간격은 있다. 하지만 다이아몬드나 산화알

루미늄에 비하면 그 간격이 아주 좁다. 예를 들어 반도체 물질의 대표 격인 규소의 띠간격은 파장이 1100나노미터로, 적외선 영역의 빛이 가진 에너지만큼 약하다. 물론 반도체에도 불순물을 넣으면 다이아몬드나 루비에서처럼 에너지층 사이에 새로운 에너지층이 형성되지만, 간격이 워낙 좁기 때문에 불순물이 섞이면 아예 전기가 흐르는 상태가 되어버린다. 정말 '거의 도체'인 것이다.

부도체나 반도체는 낮은 에너지층에 전자가 꽉 차 있는 상태다. 모든 원자가 똑같은 상황이라 전자가 원자에서 원자로 이동하려면 높은 에너지층으로 올라가는 수밖에 없다. 그러기 위해서는 전자에게 그만큼의 에너지가 필요한데, 전자 스스로 에너지를 만들 수는 없으니 웬만해서는 전자가 꼼짝하지 못하는 상황인 것이다. 하지만 '거의 도체'인 반도체는 두 가지 방법을 사용하여 전자를 움직인다.

하나는 전자를 한 개 더 많이 갖고 있는 불순물을 넣어주는 것, 다른 하나는 전자가 한 개 더 부족한 불순물을 넣어주는 것이다. 태양전지를 살펴볼 때 함께 보았던 엔형반도체와 피형반도체가 기억나는가? [그림 47]의 왼쪽은 엔형반도체를, 오른쪽은 피형반도체를 간략하게 표현한 그림이다.

태양전지의 원리를 설명할 때 규소와 인, 붕소를 통해 그

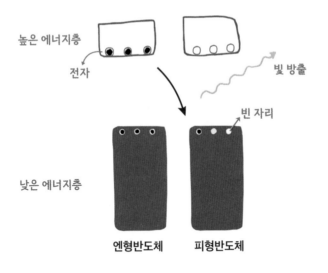

전자

빛 방출

빈 자리

낮은 에너지층

엔형반도체 **피형반도체**

| 그림 47 |

원리를 살펴보았다. LED의 원리도 똑같다. 우선 전자를 한 개 더 추가한다고 가정해 보자. [그림 47]에서 엔형반도체 그림을 보면 전자를 한 개 더 추가할 경우, 낮은 에너지층에는 이미 자리가 다 차 있어서 새로운 전자가 들어갈 자리가 없다. 그래서 이 전자는 자리가 아직 비어 있는 높은 에너지층으로 올라가 자리를 잡는다. 이렇게 에너지를 추가로 공급해 주지 않아도 이미 높은 에너지층에 자리를 잡게 된 전자는 옆 원자의 비어 있는 높은 에너지층으로도 쉽게 넘어갈 수 있다. 낮은 에너지층에 있을 때와 달리 에너지를 더 공급받

아야 할 필요가 없기 때문이다. 그리고 이렇게 전자가 한 개 더 많은 상태의 반도체가 바로 엔형negative반도체다.

그렇다면 전자가 한 개 부족한 경우도 가정해 보자. [그림 47]에서 피형반도체 그림을 보면 전자가 빠지면서 전자가 가득하게 차 있던 낮은 에너지층에도 새로 빈 자리가 생겼다. 이 빈 자리로 옆 원자에 있던 전자가 넘어올 수 있다. 하지만 엔형반도체와 마찬가지로 옆 원자에서 넘어올 수 있는 전자는 똑같이 낮은 에너지층에 있던 전자들뿐이다. 이렇게 전자가 한 개 더 적은 상태의 반도체가 바로 피형positive반도체다.

다이오드는 엔형반도체와 피형반도체를 조합해서 만든 반도체 소자다. 전원을 연결해서 전자의 개수가 더 많은 엔형반도체에서 전자의 개수가 더 적은 피형반도체로 전자가 움직이도록 에너지를 추가로 공급해 주면 [그림 47]처럼 높은 에너지층에 있던 전자가 낮은 에너지층의 빈 자리로 떨어진다. 레이저나 형광등처럼 LED도 전자가 에너지층을 오르락내리락하는 것을 활용해 빛을 낸다.

부도체와 도체의 경계에 있는 이 반도체라는 녀석은 언뜻 보면 이도 저도 아닌 것처럼 보일지도 모른다. 하지만 반도체는 훌륭한 도체인 금이나 전기를 완전히 차단하는 다이아몬드가 하지 못하는 놀라운 일들을 해낼 수 있다. 두 가지 상태를 마음대로 오가는 것이 가능하기 때문이다. 그러니 오히려 이도 저도 아닌 것이 반도체의 장점이다.

이 레스토랑도 아시아식 요리와 유럽식 요리를 섞은 퓨전 음식 전문점이다. 사실 음식이 처음 나왔을 때는 분위기만 좋고 음식은 별로 잘하지 못하는 곳인 것 같다고 아내 몰래 낙담했는데, 맛을 보니 의외로 제법 괜찮다. 창밖으로 따뜻한 LED 조명이 가득한 야경을 보며 '이도 저도 아닌 음식'을 먹고 있자니 반도체에 잔뜩 둘러싸인 듯한 기분이다. 그래서인가. 왜인지 먹을수록 더 맛있어지는 것 같다.

겨울왕국을
녹이는
것들

_어는점, 물의 밀도, 줄발열

주말이지만 억울하게도(?) 눈이 일찍 떠졌다. 오전 6시, 다시 잠들기 어려울 것 같아 침대에서 일어나 깜깜한 창밖을 보니 가로등이 비추는 집 앞이 거의 '겨울왕국'이 되었다. 간밤에 눈이 많이 내려 세상이 모두 하얗게 덮였다. 다시 따뜻한 이불 속으로 들어가고 싶던 마음이 사라졌다. 이렇게 있을 때가 아니다. 내가 사는 곳은 자기 집 앞의 눈을 본인이 직접 치워야 한다. 독일에서는 집 앞에 쌓인 눈을 치우지 않아 누군가 집 앞에서 미끄러져 다치기라도 하면 모두 내 책임이 된다. 두둑하게 옷을 챙겨 입고 모자를 눌러쓴 채 빗자루를 들고 밖으로 나갔다.

짭짤한 겨울 거리 ●

밖에 나오니 눈이 쌓인 모습이 아주 장관이다. 빗자루로 눈을 쓸려고 하니 눈이 거의 5센티미터는 가깝게 쌓여 있어서 아무래도 역부족이다. 다시 창고로 돌아가 눈을 퍼내는 평평한 삽을 가져왔다. 나무로 된 삽을 바닥에 드르륵 긁어가며 눈을 치우는데, 10미터도 안 되는 길이지만 내린 눈의 양이 많아서 그런지 치우기가 쉽지 않다. 절반 정도 눈을 치웠을까. 뒤를 돌아보니 좀 전에 눈을 치운 그 자리에 다시 눈이 쌓였다. 이 기세라면 한 시간 후에 또 눈이 잔뜩 쌓일 것이 분명하다. 눈을 치우는 것만으로는 부족하다. 다른 방법이 필요하다.

사실 눈 자체가 위험한 것은 아니다. 같은 돌이라고 해도 잘게 쪼개지기만 한 모래 위보다 반질반질한 대리석에서 더 잘 미끄러진다. 비슷한 이유로 잘게 쪼개진 얼음과 마찬가지인 눈 위에서는 쉽게 미끄러지지 않는다. 문제는 이 눈이 눌려서, 녹아서, 다시 얼어서 매끈한 얼음이 되었을 때다.

온도가 영하로 내려가면 얼음 표면에는 물로 이루어진 얇은 막이 형성된다. 이 막 때문에 우리는 얼음 위를 지나다닐 때 쉽게 미끄러지는 것이다. 그러니 오늘처럼 춥고 눈이 많이 오는 날에는 눈을 치우기보다는 얼음이 생기는 일을 먼저 막아야 한다.

가만히 생각해 보면 얼음이라는 물질 자체도 다른 물질들에 비해 특별히 더 미끄러울 이유가 없다. 얼음도 다른 고체 상태의 물질들과 다를 바 없기 때문이다. 하지만 얼음이 유독 미끄러운 이유는 얼음 표면의 특이한 성질 때문이다. '파울리의배타원리'라는 물리학 이론으로 유명한 오스트리아의 이론물리학자 볼프강 파울리Wolfgang Pauli는 "고체는 신이 창조했고, 표면은 악마가 만들었다"라고 말하기도 했다. 그만큼 우리가 이해하기 어려운 물질일수록 그 표면에는 더 이해하기 어려운 일들이 일어난다.

우리가 얼음을 밟을 때의 압력 때문에 물의 어는점이 낮아지면서 얼음이 녹아 미끄러지는 것이라고 말하는 사람도 있다. 어는점이란 물이 얼거나 얼음이 녹을 때의 온도다. 예를 들어 기온이 영하 1도일 때 얼음을 밟게 되면, 밟히는 찰나의 압력으로 인해 얼음의 어는점이 순간 영하 2도로 낮아지며 얼음이 녹을 수 있다는 것이다. 이런 원리로 스케이트가 얼음 위에서 더 잘 미끄러져 나가는 것도 설명할 수 있다. 스케이트의 날이 얇기 때문에 끝에 가해지는 압력이 커지게 되면서 얼음이 더 잘 녹는다고 말이다. 하지만 이는 정확한 설명이 아니다.

인간의 몸무게로 바닥에 가할 수 있는 압력으로는 물의 어는점을 0.1도도 바꿀 수 없다. 게다가 이 원리대로라면 영하의 아주 낮은 온도에서 얼음을 밟았을 때 미끄러져서는 안 된다. 하지만 날씨가 영하 10도만 되어도 꽁꽁 언 얼음길 위에서 미끄러지기 마련이다.

설명이 틀렸다고는 했지만, 그래도 압력을 이용한 이 설명에서 우리는 한 가지를 알 수 있다. 우리가 어는점을 낮출 수 있다면, 즉 영하의 아주 낮은 온도에서도 물이 얼지 않게 할 수 있다면 길이 꽁꽁 어는 일도 막을 수 있다는 것이다.

물이 액체라서 특별한 이유를 설명할 때 우리는 물 분자들이 수소결합 방식으로 결합한다는 사실을 살펴보았다. 물 분자의 수소가 다른 물 분자의 산소를 강하게 끌어당기는 방식의 결합이다. 따뜻한 커피를 담는 유리컵에서 보았듯 온도가 높으면 분자의 운동에너지가 커진다. 그래서 분자들끼리 서로 끌어당긴다고 해도 고체로 굳어지지 않는다. 하지만 온도가 낮아져 분자의 움직임도 잦아들면 수소결합의 힘이 분자의 운동에너지보다 강해진다. 서로 손에 손을 맞잡은 물 분자들은 고체 상태로 굳는다.

그러니 물이 얼지 않게 하려면 물 분자 사이의 결합이 발생하지 않도록 막아야 한다. 의외로 방법은 쉽다. 불순물을 물에 집어넣어 물 분자들이 서로 손을 잡지 못하도록 방해하면 된다. 그래서 물에 녹는 거의 모든 물질은 물의 어는점을 낮추어 준다. 소금, 설탕, 알코올 등 우리 주변에서 쉽게 찾을 수 있는 많은 물질이 그렇다.

물의 어는점을 낮추는 데 가장 많이 사용되는 물질은 소금이다. 설탕을 사용할 수도 있겠지만 소금에 비해 가격도 만만치 않고 무엇보다 거리가 끈적끈적해질 수도 있다. 물론 밤거리를 배회하는 짐승들은 빙수를 공짜로 먹는 셈이니 좋아할지도 모르겠지만.

설탕 대신 소금을 더 많이 사용하는 데는 또 다른 이유가 있다. 소금이 물 분자의 결합을 방해하는 효율이 더 높기 때문이다. 소금의 정확한 명칭은 염화나트륨으로, 나트륨Na과 염소Cl가 강하게 결합된 물질이다. 나트륨이 물에 녹으면 염소에게 전자를 하나 빼앗기게 되어 양전하를 띠는 나트륨 이온이 되고, 염소는 나트륨으로부터 전자를 하나 빼앗은 덕분에 음전하를 띠는 염화 이온이 된다. 두 원소는 그렇게 물속을 따로 떠다니는데, 원래는 한데 묶여 있던 물질을 나트륨과 염소라는 두 개의 입자가 새롭게 등장해 결합을 방해하고 있는 셈이다. 그러니 소금은 물에 녹아도 여러 조각으로 나뉘지 않는 설탕보다 더 효율적이다.

한국도 겨울에 눈이 많이 내리는 편이니, 제설용 염화칼슘을 개인적으로 준비해 둔 사람들이 있을 것이다. 다행히 나도 며칠 전 눈이 조금 내릴 때 동네 마트에 들러 '슈트로이잘츠Streusalz'라고 하는 제설용 소금을 사놓았다. 플라스틱 양동이에 든 소금인데, 제설을 위해 거리에 뿌리는 용도라 식용 소금보다 훨씬 질이 낮고 불순물도 많이 섞여 있다. 장갑을 끼고 양동이 안에 손을 넣어 소금을 푹 퍼서는 집 앞 거리에 골고루 뿌렸다. 눈바람에 실려 입안에 들어온 입자의 맛이 짭짤한 것을 보니 소금은 소금이다.

소금을 뿌리자마자 눈은 빠른 속도로 녹아 사라졌다. 이렇게 이른 아침에 한번 소금을 뿌려놓으면 적어도 하루 동안은 길에 얼음이 얼지 않는다. 바닥에 남은 염분이 눈이 내리는 족족 녹이기 때문이다. 하지만 소금을 뿌리면 주변 흙이나 하천을 오염시킬 수 있기 때문에 조심해야 한다. 호수나 하천 주변에 사는 사람들은 눈이 많이 내려도 소금을 뿌리는 일이 금지되어 있다.

아직 해도 다 뜨지 않은 시간에 소금을 뿌려대고 있었더니 옆 건물에서도 한 남성이 나와 거리에 소금을 뿌리기 시작했다. 우연히 눈이 마주쳐 짧게 인사를 나누었는데, 남성이 소금을 손에 쥐고 천천히 내 쪽으로 걸어왔다. 옆 건물에 사는 이웃이라고 해도 그동안 딱히 소통은 하지 않았던 터라 혹시

내가 무엇을 잘못한 것은 아닌지 덜컥 겁이 났다. 하지만 그는 미소를 보이며 소금은 이렇게 뿌리는 것이 아니라고 했다. 그는 우리 집 앞에 소금을 멋지게 뿌리며 시범을 보이고는 다시 돌아갔다. 그의 친절한 시범에 얼었던 내 마음도 소금 뿌린 눈이 녹듯 녹아내렸다.

물과 얼음을
둘러싼 비밀

    어느 정도 제설 작업을 끝내고 집으로 돌아와 외출 준비를 했다. 오늘처럼 눈이 많이 쌓인 날은 집에서 가만히 있는 것이 최고라고 생각하겠지만, 아니다. 오늘 같은 날이 바로 새로 산 등산화를 시험해 볼 절호의 기회다. 얼마 전에 거금을 들여 아내와 함께 유명 독일 브랜드의 등산화를 한 켤레씩 장만했다. 방수도 되고, 보온도 우수하고, 눈길에도 덜 미끄러진다고 해서 그 등산화를 신고서 적당히 눈이 쌓인 길을 한번 걸어보고 싶었는데, 오늘이 바로 그날인 것이다.

    외출 준비를 마치고, 등산화 끈을 꽉 동여맨 뒤 집을 나섰다. 깨끗하게 눈이 치워진 거리를 지나 한참을 걸어가면 익숙한 숲길이 나온다. 아침부터 눈길을 걸어야겠다고 생각한 사람이 나와 아내만 있었던 것은 아닌지 이미 두껍게 쌓인 눈 위로 숲속으로 향하는 발자국들이 찍혀 있다. 이 숲에는 여러 개의 호수가 있다. 가을에 놀러 갔던 콘스탄츠호만큼 아주 크지는 않지만, 하나하나마다 대략 축구장 크기 정도는 된다. 요 며칠 기온이 계속 영하로 떨어져서 꽝꽝 언 호수 위로도 눈이 쌓여 있었다.

내년 봄이면 개구리가 알을 낳아 올챙이들이 헤엄치고, 황새나 물닭, 오리 같은 새들이 쉬어도 가는 호수인데, 호수 근처나 호숫물에 사는 동식물들이 겨우내 얼어 죽지는 않을지 아내는 걱정을 했다. 물이 많은 지구에 생물들이 태어나 번성하게 된 것이나 물속에서 사는 많은 동식물이 지금까지 살아남은 것이나 모두 우연히 이루어진 일이 아니다. 전부 물이 가진 특이한 물리학적 성질 덕분이다. 그러니 너무 걱정할 필요는 없다.

일반적으로 같은 종류의 원자라면 액체 상태나 기체 상태의 물질보다 고체 상태의 물질이 무겁다. 원자들이 아주 멀리 떨어진 채 돌아다니는 기체 상태가 가벼운 것은 더 설명할 필요도 없고, 원자들이 서로 꼭 끌어당기고 있어서 같은 공간에서도 간격을 가깝게 유지하며 원자들이 더 많이 모여 있는 고체 상태가 무거운 것도 당연한 사실이다. 그 사이에 낀 액체 상태의 물질이 온도가 낮아져서 고체 상태로 변한다면 물질의 밀도가 높아져야 한다. 예를 들어 액체 상태의 금속인 수은은 영하 40도 정도에서 고체 상태가 되는데, 이때 수은의 부피가 줄어들며 밀도가 높아진다.

우리는 세상이 단순한 법칙을 좀 더 따라주기를 바라지만, 자연은 간단하게 설명되고 싶어 하지 않는다. 우리는 무의식적으로 머릿속에서 선형그래프를 그려 그 추세대로 결과를 기대하고 그에 맞추어 행동한다. 하지만 자연은 우리가 법칙을 단순하게 정리하려고 하면 자꾸 그와 멀어지려 한다. 물과 얼음의 밀도를 둘러싼 법칙이 그렇다.

물은 온도에 따라 밀도가 요상하게 바뀌는 물질이다. [그림 48]은 온도에 따라 물의 밀도가 어떻게 변하는지를 그린 그래프다. 가로축은 온도를, 세로축은 밀도를 나타내는데, 잠깐만 보아도 여느 다른 그래프들과는 확연히 다르다는 것을 알 수 있다.

[그림 48]을 자세히 살펴보면 온도가 낮아질수록 물의 밀도가 높아지다가 섭씨 4도에서 그 수치는 최고조에 이른다. 그보다 온도가 낮아지면 밀도도 낮아지기 시작한다. 그러다가 0도에 이르러 얼음이 되는 순간 물의 밀도는 곤두박질친다. 밀도가 0도에서 갑자기 뚝 낮아지는 이유는 물이 액체 상태에

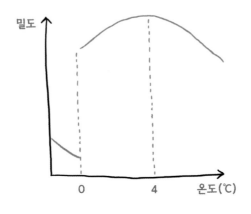

온도에 따른 물의 밀도 변화

| 그림 48 |

서 고체 상태인 얼음이 되며 부피가 커지기 때문이다. 페트병에 든 음료수를 얼려본 경험이 있다면 보았을 것이다. 생각보다 많이 팽창한 페트병을 말이다.

얼음으로 변하며 물의 부피가 커지는 이유는 얼음을 이루는 물 분자들의 결정구조 때문이다. [그림 49]의 왼쪽 그림을 보면 액체 상태일 때 물 분자는 마치 104.5도로 팔을 어정쩡하게 벌린 듯한 모습이다. 이런 상태의 물 분자들이 서로 손을 잡고 결정을 이루려면 빈 공간이 필요할 수밖에 없다. 오른쪽 그림처럼 고체 상태인 얼음이 되면서 물 분자는 육각형

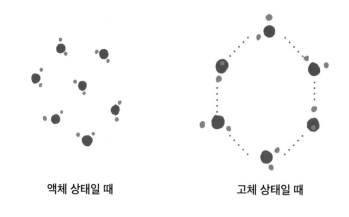

액체 상태일 때   고체 상태일 때

| 그림 49 |

으로 배열되기에 무작위로 돌아다닐 때는 필요하지 않았던 공간을 만들어야 해서 부피가 커지는 것이다.

이런 물의 특성을 염두에 두고 기온이 계속 영상 10도에 이르던 시기의 어느 날 밤, 갑자기 기온이 영하로 뚝 떨어졌다고 상상해 보자. 기온에 따라 10도를 유지하던 호숫물도 천천히 온도가 낮아진다. 차가운 공기에 호숫물 표면이 먼저 차가워지기 시작한다. 아직 영상 10도 근방일 때는 온도가 낮아질수록 물의 밀도가 높아지므로 상대적으로 온도가 낮은 호수 표면의 물이 아래쪽으로 가라앉고, 그보다 온도가 더 높은 물이 위쪽으로 올라온다. 이 과정을 '대류' 현상이라고 하며, 물의 전체 온도가 4도가 될 때까지 계속 일어난다.

물의 전체 온도가 4도를 지나 그 이하로 낮아지면 상황이 바뀐다. 이때부터는 상대적으로 온도가 낮은 물이 위로 올라오기 때문에 '부익부 빈익빈'처럼 차가운 물이 차가운 공기와 더 오래 만나게 된다. 결국 호숫물 표면은 아주 빠른 속도로 온도가 낮아지게 되고, 0도에 이르러서 얼음이 된다. 표면에서 언 얼음은 전체 호숫물보다 훨씬 가볍기에 물 위에 둥둥 뜬 채 호수를 감싼다.

이렇게 빠른 속도로 수면이 얼기 시작한다는 사실을 알고 나면 삽시간에 바닥까지 호수가 모두 얼어버리는 것은 아닌지 걱정이 들 것이다. 하지만 물의 특이한 성질에는 호수가 전부 어는 것을 예방하는 효과도 있다. 조금 전 말했듯 얼음은 호수 표면부터 얼기 시작해 점점 바닥 쪽으로 두꺼워진다. 얼음의 밑면과 닿아 있는 물이 얼면서 얼음이 밑으로 자라는 것이다. 하지만 얼음이 두꺼워질수록 물은 점점 더 얼기 어려워진다.

물이 계속해서 얼기 위해서는 얼음과 맞닿은 호숫물, 즉 아직 얼지 않았으면서 가장 윗부분에 있는 물이 얼음에게 지속적으로 열을 빼앗겨야 한다. 그런데 이때 한 가지 방해 요인이 있다. 어는 순간 물은 자신이 갖고 있던 에너지를 갑자기 방출시켜 열을 낸다는 점이다. 이 열이 제대로 빠져나갈

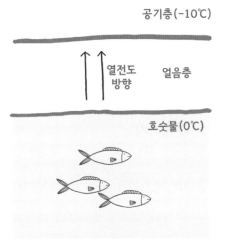

공기층(-10℃)

열전도 방향

얼음층

호숫물(0℃)

| 그림 50 |

수 있어야 얼음도 계속해서 얼 수 있다. 하지만 [그림 50]처럼 물에서 방출되는 열은 얼음층을 통과해야 공기 중으로 방출이 가능하다. 얼음이 두꺼워질수록 열전도는 더 어려워진다. 호수가 얼음으로 만든 이불을 덮고 있는데, 시간이 지날수록 이 이불의 두께가 점점 더 두꺼워지는 상황과도 같은 것이다.

자체적으로 발열하며 점점 두꺼워지는 이불을 덮고 있으니, 호수가 바닥까지 모두 얼어 안에 사는 동식물들이 변을 당할 가능성은 희박하다고 보면 된다. 영화 〈투모로우〉처럼 기후변화로 바다까지 모두 꽝꽝 얼어버리는 상황이 닥친다면 또 모르겠지만. 만약 그런 상황이 진짜로 닥친다면 아마 우리에게 물고기의 안녕까지 걱정할 겨를은 없지 않을까?

제임스 줄의 열에너지 ●

성공적인 등산화 테스트를 마친 후 다시 집으로 돌아왔다. 알게 모르게 추웠던 것인지 몸이 으슬으슬 떨린다. 실내복으로 갈아입고는 곧장 온수 매트가 깔린 침대로 직행했다. 요즘같이 자유로운 무역의 시대에 외국에 산다고 해서 구하기 어려운 제품도 별로 없지만, 여전히 몇몇 한국산 제품은 구하기가 힘들다. 그중 하나가 바로 온수 매트다.

한국은 오래전부터 물을 데워 바닥으로 보내는 방식의 보일러를 사용했지만, 독일은 최근에야 바닥 난방을 도입했다. 그러니 온수 매트는 바닥 난방식 보일러를 오랫동안 사용해 온 한국의 특산품일 수밖에 없다.

온수 매트가 시장에 등장하기 전에는 전기장판이 국내 난방기 시장을 꽉 잡고 있었다. 겨울이면 전기장판을 틀고 귤을 까먹으며 TV를 보는 것이 소위 말하는 '국룰'이었다. 독일에도 전기를 사용한 난방기가 없는 것은 아니다. 그래도 밑에 까는 전기장판보다는 위로 덮는 전기담요가 더 많은 것 같다. 바닥이 뜨끈해야 한다고 생각하는 우리와 정반대인 독일인들의 생각이 생경하기도 하지만, 아마도 이런 것이 역사적·문화적 차이일 것이다.

전기장판이든 전기담요든 상관없이 모두 금속의 전기저항 덕분에 우리가 따뜻해질 수 있는 것이다. 전기는 전자의 흐름이다. 이론상으로 전자는 금속 안에서 비교적 자유롭게 움직일 수 있기에 자유전자라는 특별한 이름으로도 불린다. 하지만 현실에서는 다르다. 현실에 존재하는 물질 안에서 전자는 완전히 자유로울 수 없다. 전자의 움직임을 방해하는 요인들이 산재해 있기 때문이다. 원자의 불완전한 배열 구조, 물질에 섞여 있는 불순물, '포논phonon'이라고 하는 원자의 떨림 등이 그렇다.

전자의 움직임을 방해하는 모든 요인을 고려하여 하나의 숫자로 표현한 것이 바로 '전기저항'이다. 그래서 전기저항은 물질보다 물체의 특성이라고 할 수 있다. 예를 들어 같은 금이라고 해도 금으로 만든 '금괴'와 금을 가늘게 뽑아낸 '금실'은 서로 다른 물체다. 두 개의 물체는 금이라는 같은 물질로 구성되어 있다고 해도 모양이 달라 전기저항 값이 다르다. 전기저항은 물체의 길이가 길고 단면적이 좁을수록 커지기 때문이다.

'물체'의 크기와 모양이 같을 때 비로소 '물질'마다 전기저항이 다른 정도를 비교할 수 있는데, 이때 물질에 따른 전기저항 값을 '비저항'이라고 한다. 철은 금보다 비저항이 더 크다. 그래서 같은 길이와 굵기로 전선을 만들어도 철의 전기저항이 더 크다.

전기저항으로 손실되는 전자의 운동에너지는 열에너지로 발산된다. 쉽게 말하자면 빠르게 달리던 자동차가 급제동했을 때 타이어가 녹을 정도로 열이 나는 것과 비슷한 원리다. 이렇게 전기저항으로 발생하는 열을 물리학에서는 제임스 줄James Joule이라는 영국의 물리학자 이름을 따서 '줄발열'이라고 한다.

줄발열은 전선에 전기만 흘리면 얻을 수 있기 때문에 난방기, 다리미, 백열전구 등 전기로 온도를 높게 올려야 하는 경우 유용하다. 게다가 전류량으로 방출되는 열을 조절할 수도 있어서 열을 이용한 물리학 실험에서도 사용한다.

하지만 그렇다고 해서 줄발열이 언제나 환영받는 것은 아니다. 전기가 흐르는 모든 물질에는 전기저항이 있기 때문에 대부분 전기를 사용하는 물체들은 그 부작용으로 원하지 않는 줄발열이 일어난다. 대표적인 예로 노트북, 데스크톱, 스마트폰 등 전자제품들의 발열이 있다.

컴퓨터 내부에는 CPU를 비롯한 여러 반도체칩이 들어 있다. 이 칩에는 나노미터에서 마이크로미터까지 다양한 두께의 아주 얇은 전선들이 새겨져 있으며, 전자는 이 얇고 좁은 길을 따라다니면서 정보들을 나른다. 하지만 방금 말했듯 단면적이 좁으면 전기저항이 커지기 때문에 칩에 새겨진 전선들의 전기저항도 매우 큰 편이다. 자연스럽게 이들이 내는 열량도 만만치가 않다.

칩의 온도가 높아지면 반도체 성능이 떨어지는 것은 물론이거니와 많은 에너지가 쓸데없이 열에너지로 낭비된다. 그래서 고성능 컴퓨터가 많은 연구소의 서버실이나 데이터를 관리하는 센터에서는 컴퓨터를 사용하는 데 필요한 전기보다 컴퓨터를 식히는 데 필요한 에너지가 더 클 정도다.

컴퓨터야 전기세가 조금 더 나오는 수준이겠지만, 스마트폰 같은 휴대용 전자제품들의 경우 줄발열이 배터리 수명과도 직접적으로 연결된다. 스마트폰 배터리의 수명이 점점 늘어나는 것도 배터리의 수명 자체가 늘어난 덕분이기도 하지만, 반도체 기술이 발전하며 배터리의 발열을 최소화하는 설계가 가능해진 덕분이기도 하다.

지금같이 추울 때는 차라리 줄발열을 이용하고 싶다. 하지만 그렇다고 노트북을 다리에 대고 쓰면 다리가 너무 뜨거워져 줄발열을 없애고 싶어진다. 이 열을 골고루 나누고 싶은데 그럴 수 없으니 답답한 일이다. 특히 열에너지는 저장이나 수송이 어렵기 때문에 이리저리 변환하는 것이 더더욱 힘들다. 만약 열에너지를 자유롭게 옮기고 저장할 수만 있다면 에너지도 획기적으로 절약할 수 있어서 지구온난화를 걱정하지 않아도 될 텐데……. 물론 열역학법칙이 이를 허락하지 않을 것이다. 내가 만약 신이라면 물리학 법칙들을 다시 써서 내 노트북에서 나오는 열을 끌어다가 이불 속에 넣을 수 있게 만들 것이다. 이렇게 생각하고 보니 그런 때가 오면 겨울에는 그냥 이불 속에서 노트북만 해도 모든 것이 해결될 듯도 하다.

겨울 하늘을 나는
뉴욕행 비행기

_터빈, 공기의 힘, 특수상대성이론

흐릿한 연료 냄새와 함께 낮게 엔진 소리가 깔리고, 비행기가 천천히 활주로를 향해 움직이기 시작했다. 이번 출장의 목적지는 미국에 있는 코넬대학교다. 이곳은 '희대의 천재 물리학자'로 유명한 리처드 파인만Richard Feynman이 과거 잠시 재직했던 학교기도 한데, 크리스토퍼 놀란의 영화 〈오펜하이머〉를 본 사람이라면 리처드 파인만이라는 이름을 기억하고 있을지도 모르겠다.

코넬대학교는 뉴욕에서도 이타카라고 하는, 산세 좋은 동네에 있다. 하지만 이타카의 겨울이 너무도 춥고 우울했던 파인만은 캘리포니아공과대학교로 탈출을 감행했다. 지난번 코넬대학교에 갔을 때는 여름이었던 터라 산속 캠퍼스에 반딧불이 날아다니는 모습이 참 아름다웠다. 그래서 우울한

경치를 상상할 수가 없었는데, 이번 출장은 겨울이니 직접
가서 한번 파인만의 기분을 느껴보아야겠다.

80억 명 중
한 명만 남기면?

활주로에 선 비행기가 잠시 멈추었다. 아마 이륙 전 비행
기를 점검하는 것이리라. 곧 흐릿하던 연료 냄새가 짙어지더
니 엔진 소리가 머리를 울릴 정도로 커지며 비행기가 앞으로
나아갔다. 소음이 너무 심하다고 생각될 때쯤 몸이 젖혀지고,
비행기가 공중으로 올라간다. 의자에 붙은 모니터 화면 하단
에 표시된 비행기의 속도가 점점 올라가다가 시속 900킬로미
터 언저리쯤에 고정되었다.

비행기 날개 바로 옆자리에 앉은 내 귀에 엔진 소리가 고
스란히 들어온다. 엔진 소리가 묘하게 익숙해서 노이즈캔슬
링 기능이 장착된 헤드셋이 따로 필요하지 않았다. 아마도
비행기 엔진이 터보 방식이기 때문이겠지. 연구소 실험실에
는 열 대가 넘는 크고 작은 터보 분자펌프가 있는데, 분자펌
프가 안정적으로 돌아가는 듯한 이 엔진 소리는 내게 소음이
아니라 마음을 안심시켜 주는 소리처럼 느껴진다.

아마 '터보turbo'라는 말을 들어보지 못한 사람은 없을 것이다. 고성능 자동차에는 대개 터보 엔진이 장착되어 있는데, 슈투트가르트의 '특산품'인 포르셰에도 멋진 필기체로 'Turbo'가 적혀 있다. 어릴 적 즐겨 보던 레이싱 만화영화에서는 터보가 속도를 더 빠르게 올려주는 기능처럼 묘사되기도 했다.

터보는 '터빈turbine'이라는 회전 장치를 사용한다는 의미다. 터빈은 선풍기 날개와 비슷하게 나선형으로 생긴 장치로, 유체의 흐름을 에너지로 바꾼다. 또는 동력을 이용해 터빈을 돌려서 유체를 한쪽으로 밀어내는 데 쓰기도 한다.

전기를 만드는 발전소에서는 물의 흐름을 이용해 터빈을 돌려 전기에너지를 만들지만, 엔진에서는 연료를 사용해 터빈을 돌려서 공기를 밀어낸다. 자동차나 비행기 모두 연료를 연소시키기 위한 산소가 많이 필요하다. 효율적으로 연료를 태워 에너지를 얻어야 하는데, 공기 중에 산소는 고작 20퍼센트밖에 안 되니 공기를 압축시켜 엔진에 공급되는 산소의 양을 늘려야 한다. 그러기 위해 터빈 같은 장비로 공기를 빨아들여서 엔진 내부로 보낸다.

실험실에서의 터보 분자펌프는 전기를 만들거나 고성능 자동차를 달리게 하지는 않지만, 연구나 첨단 제품 제조에 굉장히 중요한 장비다. 이 장비가 없었다면 우리가 현재 사용하는 그 어떤 현대적인 기술도 개발될 수 없었을 것이라고 자신 있게 말할 수 있다.

터보 분자펌프가 중요한 이유는 '고高진공상태'를 만드는 데 없어서는 안 되는 장비라서 그렇다. '고진공'이라고 하면 어떤 진공상태를 의미하는지 감이 잘 오지 않을 텐데, 일반적인 대기압을 1기압이라고 했을 때 고진공상태는 10^{10}분의 1기압에서 10^5분의 1기압을 말한다. 다시 말해 어떤 공간 안에 있는 공기 분자의 수가 적어지면 1000억분의 1기압만큼 된다. 그렇지만 너무 작은 숫자라 여전히 감을 잡기 어려울 것이다.

우리 주위의 공간이 비어 있다고 생각하기 쉽지만, 사실 지구상에서 진정한 의미의 '빈 공간'을 찾기란 매우 어렵다. 어느 곳이든 공기가 존재하기 때문이다. 만약 작은 입자를 공기 중에 쏘면 1밀리미터는커녕 1마이크로미터도 공기 분자와 충돌하지 않고서 나아갈 수는 없다. 분자의 관점에서 보면 공기는 상당히 북적이는 공간이다. 더 쉽게 말하자면 현재 지구의 인구가 약 80억 명 정도니, 고진공상태는 지구의 인구를 단 한 명만 남기는 것과 비슷한 상황이다.

고진공상태에서 공기 분자들은 서로 닿기도 어려울 만큼

멀리 떨어지기 때문에 적잖이 외로울지도 모르겠다. 그렇지만 전자나 원자의 움직임을 잘 통제하려면 공기 분자의 수를 대폭 줄인 진공상태가 필요하다. 우리가 원자를 쌓을 때 보았던 분자선 에피택시를 사용하는 기술은 물론이고, 많은 박막 합성이 진공상태에서 이루어진다. 수 나노미터에서 마이크로미터 수준의 정밀도가 필요한 반도체 제조나 기계 부품 코팅의 경우 고진공상태가 필수다. 그렇다면 터보 분자펌프는 어떻게 고진공상태를 만드는 것일까?

'진공상태'라고 하니 터빈을 돌려 공간을 닫은 후 그 안에 있는 공기를 쭉 뽑아내기만 하면 된다고 생각할지도 모르겠다. 하지만 고진공상태를 만드는 것은 그처럼 간단하지 않다. 우리는 공기 중의 압력차를 이용해 기체를 이동시킨다. 기체는 압력이 높은 곳에서 낮은 곳으로 이동하는데, 쉬운 예로 우리가 숨을 쉴 때를 보자. 숨을 들이마시면 폐 주변 근육과 횡격막이 폐의 부피를 늘려 일시적으로 폐 속의 압력을 낮춘다. 그러면 바깥에 있던 공기가 폐 안으로 밀려 들어온다. 다시 숨을 내뱉으며 폐를 누르게 되면 폐의 압력이 높아져 숨이 밖으로 나간다.

하지만 이런 압력의 차이는 물질이 유체 상태일 때만 활용이 가능하다. 고진공상태에 돌입하면 기체는 더 이상 유체라고 부를 수 없다. 분자의 수가 너무 적기 때문이다. 유체 상태를 유지하려면 분자들 사이에 발생하는 상호작용으로 물질의 흐름이나 점성 등을 정의할 수 있어야 하는데, 고진공 상태에서는 상태를 정의할 수 있는 분자의 수가 너무 적다. 하나의 물질이라고 하기에는 분자들이 상호작용하지 않은 채 따로따로 공간을 돌아다닌다. 그래서 고진공상태일 때는 압력차를 이용해 어떤 거시적인 물질의 흐름을 만들기가 어렵다. 바로 이때 터보 분자펌프가 활약한다.

터보 분자펌프 안에 있는 터빈은 날이 아주 촘촘하게 배열된 선풍기처럼 생겼다. 이 터빈은 1초당 1000회 정도 회전하는데, 아주 빠르게 회전하기 때문에 공기 분자들은 터빈의

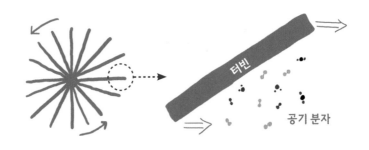

터보 분자펌프 속 공기 분자

| 그림 51 |

날개와 충돌한다. [그림 51]처럼 날개의 회전 방향과 각도 그리고 빠른 속도로 인해 공기 분자들은 한쪽으로만 튕겨 나가고, 그 덕분에 공기 분자의 수도 차츰차츰 줄어든다.

지금 내가 탄 보잉747기에 탑재된 터빈은 1초당 100회 정도 회전한다고 한다. 연구소 실험실에 있는 터보 분자펌프에 비하면 아주 느린 속도다. 물론 공기 분자들을 밀어가며 육중한 터빈을 돌려야 하는 것과 고진공상태에서 얼마 없는 공기 분자들을 툭툭 쳐내기 위해 터빈을 돌려야 하는 것을 비교하는 일은 불공평하지만 말이다.

비행기의 비밀 ●

이륙한 지 얼마 되지 않은 듯한데 어느새 승무원들이 바삐 움직이며 기내식을 나른다. 좁은 비행기 안에서 밥을 먹는 일이 그렇게 유쾌한 경험은 아니지만, 그래도 긴 여정을 덜 지루하게 만들어줄 일종의 콘텐츠라는 생각도 든다. 게다가 밥을 먹으면 배도 부르고, 식곤증 때문에 잠도 잘 오니 기내식 하나로 '일석삼조'의 효과를 얻을 수 있다.

누가 맨 처음 비행기에서 식사를 제공하겠다고 생각했는지는 모르겠지만, 승객 입장으로는 참 좋은 것 같다. 하지만 비행기 무게와 운행 비용을 최소화해야 하는 항공사 입장에는 분명 무거운 음식과 음료수를 싣는 일이 부담일 것이다. 물론 내가 낸 비행기표값에 포함되어 있겠지만.

보잉747기는 비행기 무게만 쳐도 180톤 정도 된다. 하지만 비행기는 이보다 두 배 더 무거워져도 하늘을 날 수 있다고 한다. 거대한 쇳덩어리가 하늘을 난다니, 놀랍다. 그러니 많은 사람이 비행기에 숨은 원리가 무엇인지 궁금해하는 것도 당연지사다. 비행기가 나는 이치가 베일에 싸인 미스터리는 아니다. 비행기의 원리를 제대로 밝혀내지 못했다면 우리가 100만 원 가까운 돈을 내고 위험을 감수하면서까지 비행기에 올라타지도 않을 테니 말이다.

물리학에는 유체의 움직임을 설명하는 방정식이 있다. 이 방정식을 풀면 비행기가 뜨는 이유도 쉽게 설명할 수 있다. 하지만 이 방정식은 공간에 따라 조건이 바뀌기 때문에 복잡해서 컴퓨터로 풀어야 한다. 그래서 몇 마디 말만으로 원리를 설명하기는 어렵다. 복잡한 물리학 문제들을 풀 때면 이런 경우가 종종 있다.

그래도 물리학자라면 방정식에서 의미를 찾아내야 한다고 훈련을 받기 때문에, "방정식을 수치로 풀면 이론이 설명됩니다"라고만 말하는 것은 물리학자로서 자존심이 상한다.

그래서 방정식이 있어도 설명할 수 없다고 이야기하는 것이 아닐까 싶다. 하지만 10시간이 넘는 비행시간 동안 할 일도 없으니 나도 한번 도전해 본다. 법칙과 방정식 없이 비행기가 뜨는 원리 설명하기!

결론부터 말하자면 비행기가 뜨기 위해서는 추진력과 공기의 힘, 이 두 가지가 필요하다. 먼저 비행기가 날 수 있는 첫 번째 이유는 엔진의 추진력 덕분이다. 비행기 엔진은 연료를 연소시켜서 빠른 속도로 공기를 뒤로 내보낸다. 이 과정에서 발생하는 반작용효과로 추진력을 얻는다. 이 힘으로 비행기가 앞으로 나아가며 공중에 뜰 수 있는 것이다.

만약 추진력을 얻지 못한다면 비행기는 단 1밀리미터도 공중에 뜨지 못한다. 혹시나 알 수 없는 어떤 힘이 비행기를 들어 올려 공중에 띄운다고 해도 앞으로 나아가지 않으면 비행기는 비행이 불가능하다. 그러니 추진력과 그로 인해 발생하는 앞으로 나아가는 속도가 비행을 가능하게 하는 첫 번째 이유다.

비행의 비밀이 추진력 하나만이라고는 할 수 없지만, 추진력의 세기가 충분하고 균형만 잘 잡힌다면 모양과 무게가 어떻든 모든 물체는 공중에 뜬다. 물 로켓을 만들어본 경험이 있다면 한 번쯤 경험해 보았을 것이다. 금방 떨어지거나 방향을 제대로 잡지 못하더라도 추진력만 충분하다면 제아무리 엉망으로 만든 물 로켓도 공중에 뜨기는 한다. 심지어 연료 연소에 필요한 공기나 비행에 필요한 날개가 없다고 하더라도 추진력만 충분하다면 날 수 있다. 제트 팩을 착용하거나 고압으로 물을 분사하는 장치를 사용하면 사람도 '아이언맨'처럼 공중에 뜬다.

두 번째 이유는 공기의 힘이다. 흔히 '양력'이라고 부르는 이 힘은 공기를 타고 비행기가 위로 뜨도록 도와준다. 로켓의 경우 연료를 태워서 에너지를 뒤로 뿜어내며 추진력을 얻기에 공기가 없는 우주에서도 앞으로 날아갈 수 있다. 하지만 비행기는 공기를 '타고' 날아간다. 우리는 살면서 공기의 힘을 느낄 일이 별로 없지만, 공기가 가하는 힘은 생각보다 훨씬 크다. 예를 들어 자전거를 타고 쭉 뻗은 길을 달리다 보면 아무리 힘차게 페달을 밟아도 자전거의 속도가 더 이상 빨라지지 않는 구간이 오는데, 이때 공기가 우리 몸을 강한 힘으로 밀고 있다는 것을 잘 느낄 수 있다.

공기의 힘을 보여주는 유명한 실험으로 공중에서 새의 깃털과 쇠공을 동시에 떨어뜨리는 실험이 있다. 이 실험을 통해 공기가 있을 때는 깃털이 쇠공보다 한참이나 더 느리게 떨어지지만, 공기가 없는 진공상태에서는 두 개의 물체가 동시에 바닥에 도달한다는 사실을 알 수 있다. 원래 이 실험은 중력가속도가 무게와는 상관없이 모든 물체에 공평하게 작용한다는 것을 증명하기 위한 실험이지만, 눈에 보이지 않는 공기의 힘을 보여주는 실험이기도 하다.

이보다 공기의 힘을 단적으로 보여주는 예로는 태풍과 토네이도가 있다. 평소 공기는 그 무게를 전혀 느끼지 못할 정도지만, 공기의 흐름인 바람은 건물을 무너뜨리고 사람과 자동차도 날려버릴 수 있을 만큼 강하다. 공기의 힘을 잘만 이용한다면 비행기를 공중에 띄우는 것도 문제없다.

[그림 52]는 비행기의 날개를 간략하게 표현한 그림이다.

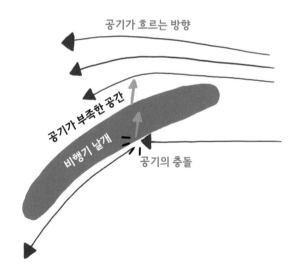

공기가 흐르는 방향

공기가 부족한 공간

비행기 날개

공기의 충돌

| 그림 52 |

비행기의 날개는 지금처럼 살짝 기울어져 있다. 터빈의 날개가 기울어진 상태로 공기 분자와 부딪치면 공기 분자들이 아래로 밀려났었다. 비행기 날개도 기울어진 상태에서 공기를 향해 달려가면 날개는 아래쪽에서 공기가 '때리는' 힘을 받게 되는데, 이 힘의 방향은 비행기가 위로 뜨는 방향과 같다.

언뜻 생각하면 날개 아랫면만 제 역할을 수행하는 것 같지만, 그렇진 않다. 날개의 윗면도 제 역할이 있다. 기울어진 비행기 날개의 윗면은 [그림 52]처럼 공기가 날개의 윗면을 타고 넘어가게 해서 공기의 흐름을 막는다. 그 덕분에 공기가 직접적으로 부딪치는 아랫면에 비해 윗면은 공기 분자의 수가 상대적으로 적어진다. 분자의 수가 줄면 윗면에서의 공기의 힘이 약해져, 아랫면에서 위쪽으로 올라오는 공기의 힘에 더 영향을 받게 된다. 그러니 날개 윗면 덕분에 공기가 날개를 들어 올리는 힘이 제대로 작용하는 것이다.

간단하게 원리를 살펴보기는 했지만, 이렇게 원리를 이해하고 있다고 해도 비행기라는 쇳덩어리가 하늘을 날 수 있다는 사실이 덜 신기해지지는 않는다. 머릿속으로 원리를 알고만 있는 것과 실제로 해내는 것은 전혀 다른 이야기니 말이다. 나의 '도전'이 성공인지 실패인지는 잠시 미루어두고, 아직도 비행시간이 한참 남았으니 잠을 좀 청해야겠다.

하늘 위에서의 시간 •

'딩동' 소리와 함께 비행기가 흔들리니 자리에 앉아 안전 벨트를 매라는 승무원의 안내 방송이 들려와 잠에서 깼다. 얼마 전 뉴스에서 지구온난화 때문에 난기류가 더 잦아졌다던데, 지금 당장 사실을 확인할 방도는 없지만 왜인지 비행기가 더 세게 흔들리는 기분이다.

방금 기내식을 먹고 비행기가 뜨는 원리를 생각하다 잠깐 눈을 붙인 것 같은데, 손목시계로 시간을 확인하니 벌써 세 시간이나 지났다. 어떻게 된 일인지. 혹시 제트엔진으로 움직이는 비행기가 너무 빠르게 나는 바람에 영화 〈인터스텔라〉에서 보았던 상대성이론에 의한 시간 왜곡 현상이 발생한 것은 아닐까? 체감상 5분도 지나지 않은 듯한데. 그러고 보니 지난봄 영국에서 열린 학회에 갔을 때도 아인슈타인의 특수상대성이론 때문은 아닌지 생각했는데, 이 정도면 직업병인가 보다.

〈인터스텔라〉에서는 블랙홀과 가까워 시간이 느리게 흐르는 행성에 착륙했다가 우주선으로 돌아가니, 동료들이 나이가 한참 들어 있는 장면이 나온다. 특수상대성이론에 따라 중력이 강한 곳에서 시간이 더디게 흘렀기 때문이다.

지난번에 아내와 저녁 식사를 하기 전 들렀던 경매장에서 본 보석들을 살펴보며 아인슈타인의 특수상대성이론을 잠깐 언급한 적이 있었다. 그 이론에 따르면 중력이 무거워질 때 뿐 아니라 속도가 빛의 속도에 가깝도록 빨라질 때도 시간이 느려진다. 지구 반대편으로 가는 데 24시간도 걸리지 않는, 비행기의 시속 900킬로미터에 육박하는 속도 또한 절대 느린 편은 아니다. 하지만 빛의 속도는 시속 10억 킬로미터 정도다. 이에 비하면 비행기의 속도는 무시할 수 있을 만치 느리니, 비행기 안에서 시간 왜곡 현상을 느낀다는 것은 어쩌면 환상에 가까운 일일지도 모른다.

그러나 우리가 시간 왜곡 현상을 온전히 느끼지 못한다고 해서 이 현상이 일어나지 않은 것은 아니다. 실제로 비행기 안에서는 시간 왜곡 현상이 발생하고 있으며, 비행하는 방향에 따라서도 다르게 일어나고 있다. 지금같이 독일에서 미국으로 간다고 하면 동쪽에서 서쪽으로의 비행이고, 독일에서 한국으로 간다고 하면 서쪽에서 동쪽으로의 비행이다. 단순히 비행기의 속도만 생각한다면 두 상황의 차이가 없다고 생각할 수도 있지만, 이는 오산이다. 비행기가 자전하는 지구 위에서 움직이고 있다는 사실을 명심해야 한다.

지구는 서쪽에서 동쪽으로 돈다. 북극에서 지구를 한눈에

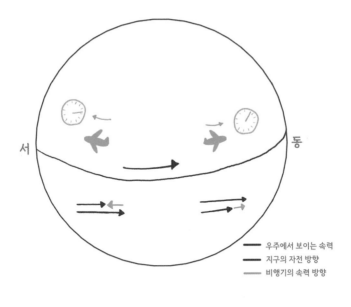

우주에서 보이는 속력
지구의 자전 방향
비행기의 속력 방향

| 그림 54 |

내려다보았을 때 시계 반대 방향으로 돌고 있다고 생각하면 쉽다. 지구가 이렇게 돌고 있기 때문에 우리는 가만히 있어도 움직이고 있는 셈이다. 쉽게 느낄 수는 없지만, 이 속도는 굉장히 빨라서 적도 부근에서는 시속 약 1700킬로미터에 육박하기도 한다.

[그림 54]처럼 우리가 동쪽으로 비행한다고 하면 지구의 자전 속도에 비행기의 속도가 더해진 속도로 움직이는 것이고, 서쪽으로 비행한다고 하면 지구가 움직이는 방향을 반대로 거스르게 되니 지구 위에서 가만히 있는 것보다 더 느리

게 움직이는 셈이 된다. 상상하기가 어렵다면 달리는 기차에서 공을 던지는 상황을 생각해 보자.

달리는 기차 안에서 공을 기차의 이동 방향과 같은 쪽으로 던진다면 기차 밖에 있는 사람의 눈에 공의 속도는 기차의 속도가 더해진 것으로 보일 것이다. 만약 이동 방향과 반대되는 쪽으로 공을 던진다면 기차의 속도만큼 공의 속도는 느리게 보일 것이다.

다시 비행기로 돌아가자. 특수상대성이론에 따르면 속도가 빠를수록 시간이 느려지니 동쪽으로 비행할 때는 시간이 느리게 가서 지상에 있는 사람보다 조금 더 젊어지고, 서쪽으로 비행할 때는 시간이 빠르게 가서 지상에 있는 사람보다 조금 더 늙는다.

허무맹랑한 소리라고 생각할 수 있지만, 1970년대 미국에서는 직접 이 실험을 진행한 사람이 있었다. 미국의 과학자 조지프 하펠Joseph Hafele과 리처드 키팅Richard Keating은 여러 개의 원자시계를 비행기에 태워 세계여행을 시켰다. 고작 하나의 실험을 위해 어마어마한 가격의 비행기를 따로 살 수는 없으니, 원자시계를 위해 '미스터 클록(Mr. Clock)'이라는 이름으로 비행기 좌석을 예매해 주었다고 한다.

두 과학자와 미스터 클록은 지구를 서쪽으로 돌기도 하고 동쪽으로 돌기도 하며 실험을 진행했고, 결과는 성공적이었다. 당시 특수상대성이론에 따른 시간 왜곡 현상이 발생한다는 주장에 회의적인 과학자들이 여전히 많았는데, 하펠과 키팅의 실험을 통해 시간 왜곡 현상이 실제로 발생한다는 사실이 증명된 것이다.

나는 이번에 서쪽으로 비행을 하니 슈투트가르트에 있는 아내보다 조금 더 나이를 먹었다. 안 그래도 동갑인 아내보다 나이가 많아 보여서 걱정인데, 이렇게 나이를 또 먹게 되다니 억울하다. 하지만 계속 걱정할 필요는 없을 것 같다. 어차피 미국에서 돌아올 때는 동쪽으로 비행하니까 아내보다 아주 조금 더 어려질 테니 말이다.

출장을 마치고 돌아올 때 새해 기념 선물을 한가득 사서 돌아가야겠다. 새롭게 시작하는 1년의 시간을 새로운 마음으로, 이번에도 같이 열심히 보내보자고 말이다. 하늘 위에서의 시간은 다르게 흐를지라도 하늘 아래에서의 시간은 똑같이 흐를 테니까.

동료 물리학자 여러분에게

사람들은 보통 물리학을 어렵다고 생각한다. 상대성이론, 양자역학, 블랙홀 등 현실과는 전혀 관련 없는 것만 연구하는 학문이라면서 말이다. 아인슈타인 같은 천재 물리학자들의 명성도 물리학을 범접할 수 없는 경지에 올려놓았다.

사실 물리학은 어렵다거나 일상과 먼 학문이 절대 아니다. 말 그대로 '물질이 작동하는 이치'를 알기 위한 학문이기에 우리 주변의 모든 것, 특히 인간은 그 범주에서 벗어날 수 없다. 물질의 세계에서 24시간을 살고 있는 우리는 '학습'으로서 물리를 본능적으로 익혀온 '실전물리학자'다.

어머니의 뱃속에서 나와 숨을 쉬면서 압력을 이용해 공기를 들이마시고 내뱉는 법을 배웠고, 중력을 이겨내며 두 다리로 일어서는 법을 배웠다. 걷고 달리는 것은 어떤가. 우리는 과학자들이 각종 역학을 통해 이제야 겨우 비슷하게 흉내낸 걷기와 뛰기라는 움직임을, 그 어떤 지형에서도 능숙하게 해내고 있다. 캐치볼을 할 때도 방정식 하나 없이 공의 궤도를 정확히 계산해 도착 지점을 예측한다. 인생의 모든 순간은 우리가 세상을 잘 이해한 물리학자기에 가능한 것이다.

감각은 또 어떤가. 내가 얼마나 뛰어난 실험물리학자인지 알면 아마도 깜짝 놀랄 것이다. 우리는 다양한 실험 도구를 장착한 채 살고 있다. 넓은 파장 대역을 관찰할 수 있는 눈, 압력과 마찰력을 측정할 수 있는 피부, 보이지 않는 음파를 관측할 수 있는 귀, 공기에 섞인 화학물질을 감별하는 코를 갖고 있다. 그러니 일상은 물리적 현상에 대한 관찰의 연속이다. 다만 너무 익숙해져 알아채지 못하고 지냈을 뿐이다.

'물리 중독'에 걸린 물리학자가 직업인 나 같은 사람에게는 이런 일상에 익숙해지지 못하는 것이 축복이자 저주다. 모든 현상에는 이유가 있기 마련인데, 나는 그 이유를 밝혀내야 하는 것이 업이기 때문이다.

이 책에서는 지금까지 무심코 지나치던 일상 속 물리 현상뿐만 아니라 너무 작거나 너무 멀어서 실제 물리학자가 아니라면 알아차리기 어려운 사실들도 함께 소개했다. 이제(어쩌면 본능적으로 느꼈을지도 모르지만) 시야 너머 미처 보지 못하고 그냥 지나쳐 버렸던 흥미로운 세계가 하나둘 눈에 들어오기 시작할 것이다. 당황할 필요 없다. 내 새로운 '동료 물리학자'가 된 여러분이 즐거운 물리 중독자의 삶을 즐기기를 바란다.

모든 계절의 물리학
보이지 않는 세상을 보는 유쾌한 과학의 세계

초판 1쇄 발행 2025년 4월 16일
초판 2쇄 발행 2025년 5월 2일

지은이 김기덕
펴낸이 김선식

부사장 김은영
콘텐츠사업본부장 박현미
책임편집 최유진 **책임마케터** 권오권
콘텐츠사업9팀장 차혜린 **콘텐츠사업9팀** 최유진, 노현지
마케팅1팀 박태준, 권오권, 오서영, 문서희
미디어홍보본부장 정명찬
브랜드홍보팀 오수미, 서가을, 김은지, 이소영, 박장미, 박주현
채널홍보팀 김민정, 정세림, 고나연, 변승주, 홍수경
영상홍보팀 이수인, 염아라, 김혜원, 이지연
편집관리팀 조세현, 김호주, 백설희 **저작권팀** 성민경, 이슬, 윤제희
재무관리팀 하미선, 임혜정, 이슬기, 김주영, 오지수
인사총무팀 강미숙, 이정환, 김혜진, 황종원
제작관리팀 이소현, 김소영, 김진경, 이지우, 황인우
물류관리팀 김형기, 김선진, 주정훈, 양문현, 채원석, 박재연, 이준희, 이민운
외부스태프 **디자인** 유어텍스트 **그림** 김기덕

펴낸곳 다산북스 **출판등록** 2005년 12월 23일 제313-2005-00277호
주소 경기도 파주시 회동길 490 다산북스 파주사옥
전화 02-704-1724 **팩스** 02-703-2219 **이메일** dasanbooks@dasanbooks.com
홈페이지 www.dasan.group **블로그** blog.naver.com/dasan_books
종이 스마일몬스터 **인쇄·제본** 상지사피앤비 **코팅·후가공** 제이오엘엔피

ISBN 979-11-306-6583-2 (03400)

다산북스(DASANBOOKS)는 책에 관한 독자 여러분의 아이디어와 원고를 기쁜 마음으로 기다리고 있습니다.
출간을 원하는 분은 다산북스 홈페이지 '원고 투고' 항목에 출간 기획서와 원고 샘플 등을 보내주세요.
머뭇거리지 말고 문을 두드리세요.